Einführung in die Realprozessrechnung von Verbrennungsmotoren

Thomas Maurer

Einführung in die Realprozessrechnung von Verbrennungsmotoren

Modellbildung und Berechnungsprogramm

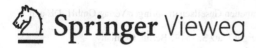

Thomas Maurer
Zierenberg, Deutschland

ISBN 978-3-662-59261-8   ISBN 978-3-662-59262-5   (eBook)
https://doi.org/10.1007/978-3-662-59262-5

Die Deutsche Nationalbibliothek verzeichnet diese Publikation in der Deutschen Nationalbibliografie; detaillierte bibliografische Daten sind im Internet über http://dnb.d-nb.de abrufbar.

Springer Vieweg
© Springer-Verlag GmbH Deutschland, ein Teil von Springer Nature 2020

Verantwortlicher im Verlag: Michael Kottusch

Springer Vieweg ist ein Imprint der eingetragenen Gesellschaft Springer-Verlag GmbH, DE und ist ein Teil von Springer Nature.
Die Anschrift der Gesellschaft ist: Heidelberger Platz 3, 14197 Berlin, Germany

*Meinen Enkeln Rosemarie und
Margarethe*

Vorwort

Das hier beschriebene und zur Verfügung gestellte Berechnungsprogramm erlaubt ein rechnerisches Experimentieren. Mit geringem Aufwand kann damit ein Verbrennungsmotor hinsichtlich der Funktionszusammenhänge und der Wirkungen von einzelnen Randbedingungen analysiert werden. Mit den gewonnenen Ergebnissen können beispielsweise Verbesserungsmöglichkeiten aufgezeigt und bewertet werden.

Der Autor dankt dem Springer Verlag für die vielen Anregungen, Ratschläge und die sehr gute Zusammenarbeit.

Herrn Assoc. Prof. Dr. Thomas Lauer, TU Wien, dankt der Autor herzlich für die hilfreichen Informationen.

Der Autor ist dem Land Hessen, der Technischen Hochschule Mittelhessen und seinem Fachbereich Maschinenbau und Energietechnik zu großem Dank verpflichtet. Die großzügig eingeräumten fachlichen Gestaltungsmöglichkeiten haben Forschungsarbeiten ermöglicht, deren Ergebnisse teilweise hier zusammengestellt sind. Besonders dankt der Autor seinem Kollegen Prof. Dr.-Ing. Klaus Herzog und seinen Mitarbeitern für die Bereitstellung von aufwendig erfassten Messdaten. Im Weiteren dankt der Autor den Studenten im Mastermodul Kolbenmaschinen 2, die Messungen und Programmtests durchführten.

Gießen   Thomas Maurer
im September 2019

Inhaltsverzeichnis

Abkürzungsverzeichnis

Symbolverzeichnis

A (m²)	Fläche
a_i (div.)	Koeffizient in einer Gleichung
b (kg kW⁻¹ h⁻¹)	spezifischer Kraftstoffverbrauch, bei Brenngasen: m³ kW⁻¹ h⁻¹
C (1)	Faktor (siehe Vibe-Brennverlauf)
c_p (J kg⁻¹ K⁻¹)	isobare spezifische Wärmekapazität
c_v (J kg⁻¹ K⁻¹)	isochore spezifische Wärmekapazität
d (m)	Durchmesser
f (1)	Frequenzkennzahl
G (m³ kg⁻¹)	spezifisches Gemischvolumen
H_u (J kg⁻¹)	unterer Brennwert
H (J)	Enthalpie
h (J kg⁻¹)	spezifische Enthalpie
h (m)	Hub, Kolbenhub
L_{min} (kg kg⁻¹)	oder kg m⁻³ Mindest(verbrennungs)luftmenge
l (m)	Pleuelstangenlänge
M (Nm)	Drehmoment
m (kg)	Masse
m (1)	Formfaktor (siehe Vibe-Brennverlauf)
n (s⁻¹)	Drehzahl
P (W)	Leistung
p (Pa)	Druck
Q (J)	Wärme
q (J kg⁻¹)	spezifische Wärme

R (J kg^{-1} K^{-1})   individuelle Gaskonstante
r (m)   Kurbelradius
S (J K^{-1})   Entropie
s (m)   Dicke, Hub
t (s)   Zeit
T (K)   Temperatur
U (J)   innere Energie
u (J kg^{-1})   spezifische innere Energie
V (m^3)   Volumen
V_c (m^3)   Kompressionsvolumen
V_h (m^3)   Hubvolumen
v (m^3 kg^{-1})   spezifisches Volumen
v (m s^{-1})   Geschwindigkeit
W (J)   Arbeit
w (J kg^{-1})   spezifische Arbeit
w Näherungswert einer intensiven Zustandsgröße
x (1)   Massenanteil
Z (1)   Realgasfaktor
z (1)   Zylinderzahl

α (W m^{-2} K^{-1})   Wärmeübergangskoeffizient
ε (1)   Verdichtungsverhältnis
η (1)   Wirkungsgrad, Gütegrad
p (1)   Zünddruckverhältnis
ρ (kg m^{-3})   Dichte
ρ (1)   Gleichdruckverhältnis
φ (1)   Winkel im Bogenmaß
κ (1)   Isentropenexponent
λ (1)   Luftverhältnis
λ (W m^{-1} K^{-1})   Wärmeleitfähigkeit
λ_L (1)   Liefergrad
λ_{PL} (1)   Pleuelstangenverhältnis
μ (1)   Massenanteil
μ (1)   Durchflusszahl
ψ (1)   Druckverhältnis
σ (1)   Versperrungsziffer
ω (s^{-1})   Kreisfrequenz

Indizes

A	Auslass
A	Arbeit
a	Anfang
B	Brennstoff bzw. auch Kraftstoff
E	Einlass
e	Ende
eff	effektiv
Fr	frisch
G	Gas
G	Gemisch
G	Gewicht
g	Güte
ges	gesamt
h	Hub
i	indiziert
krit	kritisch
L	Liter
L, Lu	Luft
Leck	Leckage
M	Motor
m	mittlere(r)
m	mechanisch
max	maximal
r	Reibung
RG	Restgas
S	Spülung
th	theoretisch
th	thermisch
u	unverbrannt
V	Verbrennung
v	verbrannt
W	Wand
Z	Zylinder

Abkürzungen

AA   Auslassauf
AS   Auslassschluss
EA   Einlassauf
ES   Einlassschluss
AGR   Abgasrückführung
KW   Kurbel
OT   oberer Totpunkt
UT   unterer Totpunkt

Einleitung

In Kap. 1 sind die Arbeitsverfahren und Vergleichsprozesse von Verbrennungsmotoren kurz erläutert. Weitere Charakterisierungsmerkmale von Verbrennungsmotoren finden sich im Anhang Kap. 3.

Die Realprozessrechnung ist in Kap. 2 beschrieben.

Auf der Internetseite www.berechne.de kann das Rechenprogramm heruntergeladen werden. Das Kennwort zum Öffnen des Quelltextes lautet pulchram.

1.1 Arbeitsverfahren – Übersicht

1.1.1 Klassisches Viertakt – Ottoverfahren

Dieses Arbeitsverfahren ist als Viertakt–Ottomotor verwirklicht (Erfindung 1876). Dieser Motor besitzt Gaswechselorgane, mit welchen ein Ladungswechsel erfolgt. Die Gaswechselorgane sind heute in aller Regel als zwangsgesteuerte Ventile ausgeführt (Tab. 1.1). Es handelt sich um einen *offenen Prozess*.

In Abb. 1.1 ist das Viertaktverfahren in einem p,V-Diagramm dargestellt, wie es beispielsweise durch eine Druckmessung im Arbeitsraum in Abhängigkeit von dem Hubvolumen (Indizierung) gewonnen werden kann. Rechtsherum umschriebene Flächen stellen einen Arbeitsgewinn $\oplus$ und linksherum umschriebene Flächen einen Arbeitsaufwand $\ominus$ dar.

Zum Ablauf eines vollständigen Arbeitsspiels sind zwei Kurbelwellenumdrehungen notwendig. Die Ventilbetätigung hat für Ein- und Auslass nur einmal während eines Arbeitsspiels zu erfolgen. Es ist eine Steuerwelle erforderlich, deren Drehzahl die Hälfte der der Kurbelwellendrehzahl ist. Die zeitliche Synchronisierung erfolgt mittels Zahnräder oder Kettenräder.

© Springer-Verlag GmbH Deutschland, ein Teil von Springer Nature 2020
T. Maurer, *Einführung in die Realprozessrechnung von Verbrennungsmotoren*,
https://doi.org/10.1007/978-3-662-59262-5_1

Tab. 1.1 Viertakt-Ottoverfahren

Takt	Bezeichnung	Arbeit	Kolben-bewegung	Einlass	Auslass
1	Ansaugtakt Ansaugen einer frischen Ladung (zündfähiges Gemisch)	Aufwand	zum UT	auf	zu
2	Verdichtungstakt Verdichtung (Temperatur und Druck steigen), gegen Ende Zündung und Beginn der Verbrennung	Aufwand	zum OT	zu	zu
3	Arbeitstakt Verbrennung und Entspannung	Gewinn	zum UT	zu	zu
4	Ausschiebetakt Ausschieben der Rauchgase	Aufwand	zum OT	zu	auf

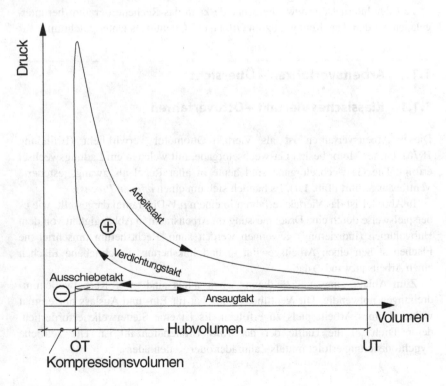

Abb. 1.1 Viertaktverfahren

Die Zündung des zündfähigen Gemisches erfolgt beim klassischen Verfahren fremd mit Zündkerzen.

Damit der Motor „von selbst läuft", muss der Arbeitsgewinn größer als der Arbeitsaufwand sein. Die bewegte Masse des Triebwerks („Schwungmasse", einschließlich Schwungrad) muss so groß sein, dass deren kinetische Energie bei gegebener Drehzahl den Arbeitsaufwand zur Verdichtung deckt. Je niedriger die Drehzahl eines Motors (z. B. Leerlauf) sein soll, umso größer ist die Masse des Triebwerks (Schwungrad) zu wählen.

1.1.2   Zweitakt – Ottoverfahren

Bei diesem Arbeitsverfahren (die Erfindung wird Carl Benz 1879 zugeschrieben) sind nur zwei Kolbenhübe erforderlich. Zum Ausschieben der verbrauchten Ladung und Einbringung frischer zündfähiger Ladung ist eine „Spülung" erforderlich.

Die Steuerung des Ladungswechsels kann allein durch den Kolben erfolgen.

1. Takt: „Spülen und Verdichten"
Gegen Ende des Arbeitstaktes, bevor der Kolben den UT erreicht, öffnet bereits der Auslass (z. B. Auslassschlitze in der Zylinderwand). Aufgrund von Druckdifferenzen beginnt die verbrauchte Ladung auszuströmen. Beim weiteren Kolbenabwärtshub gelangt frische Ladung, z. B. durch Einlassschlitze, in den Zylinder. Der Druck der zuströmenden frischen Ladung muss größer sein als der Druck im Zylinder, z. B. durch Spülgebläse oder durch die Kolbenunterseite (kleine Motoren) bewerkstelligt. Die frische Ladung „schiebt die verbrauchte Ladung vor sich her". Währenddessen setzt der Kolbenaufwärtshub ein. Beim Kolbenaufwärtshub wird im thermodynamischen Idealfall der Auslass dann geschlossen, wenn die verbrauchte Ladung vollständig durch frische Ladung ersetzt ist. Frische Ladung wird bis zum OT verdichtet. Arbeitsaufwand: Spülen des Zylinders, Bereitstellen der Spülluft, Verdichten.

2. Takt: „Arbeitstakt"
Im Bereich des OT wird die frische Ladung gezündet, Druck und Temperatur steigen, die Entspannung erfolgt durch Kolbenabwärtsbewegung. Arbeitsgewinn: Entspannung.

Ein Zweitaktmotor leistet bei jeder Umdrehung Arbeit, erreicht dennoch im Allgemeinen nicht die doppelte Leistung bei gleicher Drehzahl wie ein Ottomotor (Viertakt), da:

- die Spülung Arbeit benötigt,
- und ein Teil des Kolbenweges für die Spülung verloren geht.

Das „Steuerdiagramm" des Zweitaktmotors, d. h. das Überstreichen der Steuer-öffnungen mit dem Kolben, ist „symmetrisch" bzgl. der Kolbenstellung beim Abwärts- und Aufwärtshub. Es ergeben sich hierdurch Nachteile bzgl. Effizienz und Schadstoffemission. Mit sogenannten unsymmetrischen Steuerdiagrammen, beispielsweise bei Gegenkolbenmotoren verwirklicht, können diese Nachteile verringert werden. Problematisch, insbesondere hinsichtlich der Abgasemission, ist der Verlust an frischer Ladung bei Benzinmotoren während des Spülens. Zur Vermeidung kann eine Direkteinspritzung von Kraftstoff oder auch eines vor-gemischten fetten Kraftstoff-Luft-Gemischs (dient der Verbesserung der Zündung und Verbrennung) vorgesehen werden. Die Direkteinspritzung erfolgt nachdem der Kolben beim Aufwärtshub die Einlassschlitze verschlossen hat.

Zweitakt-Ottomotoren haben heute zum Antrieb von Straßenfahrzeugen keine Bedeutung mehr. Bei der hier vorliegenden Beschreibung der Realprozess-rechnung wird auf diese Motoren nicht eingegangen.

1.1.3 Vier- und Zweitakt – Dieselverfahren

Diesel wollte einen „idealen Motor" schaffen, der dem Carnot-Prozess hinsichtlich der thermodynamischen Güte nahekommen soll. Um 1890 hatte er die Idee, reine Luft in einem Zylinder sehr hoch zu verdichten und den Brennstoff dann zuzu-führen. Aufgrund der hohen Verdichtungsendtemperatur zündet der Brennstoff selbsttätig. Vorläufer ist der Otto-Motor, wenn auch aus thermodynamischer Sicht andere Motoren, z. B. Brayton, genannt werden. Anmerkung: Diesel war Mitarbeiter von „LINDE Eismaschinen". Diesel schlug Carl von Linde die Entwicklung des Motors vor, dieser lehnte jedoch ab.

Ursprünglich wurden Dieselmotoren nur als Viertakter gebaut, heute werden große langsamlaufende Zweitakt-Motoren, beispielsweise zum Antrieb von Fracht-schiffen, eingesetzt.

Auf Zweitakt-Dieselmotoren wird bei der Beschreibung der Realprozess-rechnung nicht eingegangen.

1.2   Allgemeine Hinweise zur Gemischbildung und zur Verbrennung bei Dieselverfahren und Ottoverfahren

In der Tab. 1.2 sind die Unterscheidungsmerkmale zwischen dem klassischen Ottoverfahren und dem klassischen Dieselverfahren zusammengestellt.

Das wesentliche Unterscheidungsmerkmal ist die Art der Zündung.

Das **Verdichtungsverhältnis** (ist eigentlich ein Volumenverhältnis)

$$\varepsilon = \frac{V_{\max}}{V_{\min}} = \frac{V_{\mathrm{h}} + V_{\mathrm{c}}}{V_{\mathrm{c}}} \tag{1.1}$$

darf bei **Ottomotoren** nicht so groß sein, dass das angesaugte Gemisch selbsttätig (z. B. vor Erreichen des OT) zündet und verbrennt (ε bis etwa 10 ist hier die Grenze). Beim Dieselverfahren muss ε mindestens so groß sein, dass die Temperatur der verdichteten Luft die Zündtemperatur überschreitet: $\varepsilon \approx 12$ (Großmotor)...20 (Kleinmotor, hier ist besonders der Kaltstart zu beachten, Großmotoren werden vorgewärmt gestartet). In Otto- und Dieselmotoren kommen Kraftstoffe mit unterschiedlichen Eigenschaften zum Einsatz.

Beim Ottoverfahren müssen Brennstoff und Luft mengenmäßig gemeinsam geregelt werden, da das Gemisch nur in einem engen Mischungsbereich zündfähig ist. Die Lastregelung erfolgt überwiegend mit Drosselklappen und heute häufig auch in Kombination mit variablen Steuerzeiten. Aufgrund der energetischen Verluste der Drosselklappen ist der Teillastwirkungsgrad von Ottomotoren im Allgemeinen niedriger als bei Dieselmotoren.

Zunehmend werden Ventiltriebe mit „variablen" Steuerzeiten eingesetzt. Bei manchen Ausführungen kann auf Drosselklappen auch vollständig verzichtet werden. Es ergeben sich damit Verbrauchsverbesserungen bei PKW-Motoren von etwa 5...10 %.

Beim **Dieselmotor** erfolgt die Lastregelung durch die Menge des eingespritzten Brennstoffes.

Die Gemischbildung erfolgt im Brennraum, und ist instationär und räumlich heterogen. An den Randbereichen des Brennstoffes zur Luft liegt ein etwa

Tab. 1.2 Unterscheidungsmerkmale zwischen Otto- und Dieselverfahren

Unterscheidungsmerkmal	Otto-Verfahren	Diesel-Verfahren
Gemischbildung	Äußere	Innere
Gemischzustand	Homogen	Heterogen
Zündung	Fremd	Selbst
Regelung (Last)	Quantität	Qualität

stöchiometrisches Gemisch vor, von dem die Zündung und Verbrennung aus
erfolgen. Da die innere Gemischbildung Zeit benötigt, ist die maximale Motordrehzahl beschränkt und meist deutlich niedriger als bei Ottoverfahren.

Hybridmotoren
Direkteinspritzende Ottomotoren
Vorteilhaft sind verbesserte Teillastwirkungsgrade und die im Vergleich zu
Dieselmotoren etwas einfachere Abgasnachbehandlung.

Kleine Modellbaumotoren
Sie weisen eine äußere Gemischbildung, ein homogenes Gemisch, eine Selbst-
zündung und auch in Grenzen eine Qualitätsregelung auf.

Aktuelle Entwicklungen
Als aktuelle Entwicklungen können beispielsweise Homogene Kompressions-
zündung „Diesotto"/Combined Combustion Engine, HCCI, Activated Radical
Combustion, Spark Controlled Combustion Ignition, Skyactiv-X genannt werden.

1.3   Vergleichsprozesse

Thermodynamische Kreisprozesse werden als „ideales Vorbild" verwendet für:

*   Vergleich mit berechneten (simulierten) Zustandsänderungen, beispielsweise
    mit einer Realprozessrechnung.
*   Bewertung der thermodynamischen Güte von realisierten Zustandsänderungen
    bei ausgeführten (Versuchs-)Motoren.
*   Auffinden von Verbesserungsmöglichkeiten im Verfahrensablauf.
*   Außerdem auch zur Vordimensionierung von Motorenkomponenten, wie bei-
    spielsweise von der Kurbelwelle (Drehschwingungsrechnungen etc.).

Bei einfachen Vergleichsprozessen für Motoren wird üblicherweise vorausgesetzt:

*   geschlossene Systeme (enthält eine konstante Masse, Wärmezu- und Wärme-
    abfuhr erfolgt durch Wände),
*   konstante Stoffeigenschaften,
*   zeitliche Abhängigkeiten sind nicht berücksichtigt.

In Abb. 1.2 sind thermodynamische Vergleichsprozesse veranschaulicht.

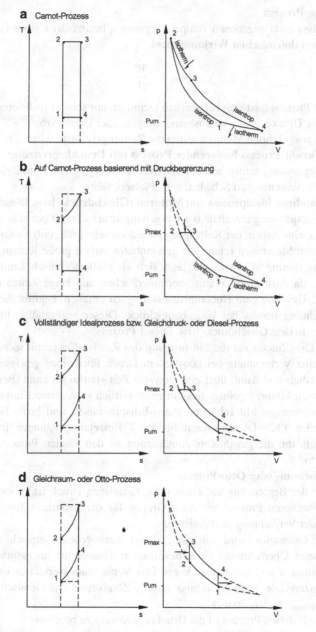

Abb. 1.2 Thermodynamische Vergleichsprozesse für Verbrennungsmotoren.
Die Diagramme sind nicht maßstäblich. Insbesondere das p,V-Diagramm ist in Wirklichkeit schmäler, endet näher bei $V=0$ und der Druck p_{max} liegt deutlich höher

a) **Carnot-Prozess**

Zwischen zwei gegebenen Temperaturgrenzen besitzt der Carnot-Prozess den höchsten **thermischen Wirkungsgrad**

$$\eta_{th} = \frac{W}{Q_1}. \tag{1.2}$$

Dieser Prozess lässt sich bekanntlich technisch nur schwer realisieren:

- hohe Drücke, große Volumenänderungen, aber kleine Arbeit
- bei ausgeführten Motoren wären die Reibungsverluste sehr hoch.

b) **Auf Carnot-Prozess basierender Prozess mit Druckbegrenzung**

Die Begrenzung erfolgt auf den maximal zulässigen Druck im Zylinder, dessen Überschreitung zu Schäden, z. B. Platzen, führt.

c) **Vollständiger Idealprozess von Motoren (Gleichdruck- bzw. Diesel-Prozess)**

Eine Entspannung unterhalb des Umgebungsdrucks liefert nur eine vergleichsweise kleine Arbeit, der Kolbenweg ist jedoch sehr groß. Folge wären bei ausgeführten Maschinen relativ zur gewinnbaren Arbeit große Reibungsverluste. Eine isotherme Wärmeabfuhr lässt sich ebenfalls technisch kaum verwirklichen, da dazu große Wärmeübertragerflächen und lange Zeiten notwendig wären. Um eine gute Hubraumausnutzung zu erhalten, beginnt die isentrope Verdichtung bereits bei Umgebungsdruck. Dieser vollständige Idealprozess entspricht dem Gleichdruck- bzw. Diesel-Prozess.

Beim Dieselmotor hat die Einspritzung des Kraftstoffes damit so zu erfolgen, dass eine Verbrennung bei konstantem Druck über einen gewissen Kolbenabwärtshub und damit über eine gewisse Zeit stattfinden kann. Bei langsamlaufenden Motoren gelingt dies mit einer zeitlich gesteuerten Einspritzung der Einspritzmenge. Mit schnellen Piezo-Einspritzdüsen sind heute bei schnelllaufenden PKW-Dieselmotoren bis zu 8 Einzeleinspritzungen je Zündung möglich, um die gewünschte Annäherung an den idealen Prozessverlauf zu erzielen.

d) **Gleichraum- oder Otto-Prozess**

Außer der Begrenzung auf einen max. zulässigen Druck ist es zweckmäßig, einen weiteren Prozess mit einer Grenze für die maximale Temperatur am Ende der Verdichtung zu definieren.

Beim Ottomotor wird ein weitgehend homogenes Gemisch angesaugt, das beim Überschreiten einer bestimmten Temperatur unerwünscht selbsttätig zünden und verbrennen kann. Das Verdichtungsverhältnis ist daher zu begrenzen. Die Zündung erfolgt mittels Zündkerze, das Gemisch verbrennt mit $c_{Flamme} \sim 10-20\,\mathrm{m/s}$.

Auch für diesen Prozess ist die Druckbegrenzung zu beachten.

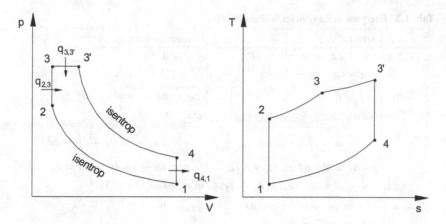

Abb. 1.3 Seiliger-Prozess

e) **Seiliger-Prozess**
Bei ausgeführten Motoren erfolgt die Wärmezufuhr näherungsweise teilweise bei Gleichraum- und bei Gleichdruckzustandsänderungen (isochor und isobar), ist in Abb. 1.3 veranschaulicht. Daher wird dieser Prozess häufig als theoretischer Prozess zur Annäherung an einen real ablaufenden Prozess oder auch zum Vergleich für eine Realprozessrechnung gewählt.

1.4 Seiliger-Prozess

Der Seiliger-Prozess mit Gleichraum- und bei Gleichdruckzustandsänderungen (isochor und isobar) ist in Abb. 1.3 veranschaulicht.

Definitionen
Verdichtungsverhältnis, siehe Gl. (1.1),

$$\varepsilon = \frac{V_1}{V_2}, \tag{1.3}$$

Gleichdruckverhältnis (oder Einspritzverhältnis, Formelzeichen auch φ)

$$\rho = \frac{V_{3'}}{V_3}, \tag{1.4}$$

Tab. 1.3 Energiewandlung beim Seiliger-Prozess

	Arbeit	Wärmeübertragung
$1 \to 2$	$w = \mathrm{d}u \to w = c_\mathrm{v} \cdot \mathrm{d}T$ $w_{1,2} = c_\mathrm{v} \cdot (T_2 - T_1)$	$q_{1,2} = 0$
$2 \to 3$	$w_{2,3} = 0$	$q = \mathrm{d}u \to q = c_\mathrm{v} \cdot \mathrm{d}T$ $q_{2,3} = c_\mathrm{v} \cdot (T_3 - T_2)$
$3 \to 3'$	$w = -\displaystyle\int \mathrm{p} \cdot \mathrm{d}v \text{ mit:}$ $p \cdot \mathrm{d}v = \mathrm{R} \cdot \mathrm{d}T = (c_\mathrm{p} - c_\mathrm{v})\,\mathrm{d}T$ $w_{2,3'} = -(c_\mathrm{p} - c_\mathrm{v}) \cdot (T_{3'} - T_3)$	$q = \mathrm{d}u - w = \mathrm{d}u + \displaystyle\int \mathrm{p} \cdot \mathrm{d}v$ $q = \mathrm{d}h - v \cdot \mathrm{d}p = \mathrm{d}h = c_\mathrm{p} \cdot \mathrm{d}T$ $q_{2,3'} = c_\mathrm{p} \cdot (T_{3'} - T_3)$
$3' \to 4$	$w = \mathrm{d}u \to w = c\mathrm{v} \cdot \mathrm{d}T$ $w_{3',4} = c_\mathrm{v}(T_4 - T_{3'})$	$q_{3',4} = 0$
$4 \to 1$	$w_{4,1} = 0$	$q = \mathrm{d}u \to q = c_\mathrm{v} \cdot \mathrm{d}T$ $q_{4,1} = c_\mathrm{v} \cdot (T_1 - T_4)$

Zünddruckverhältnis[1]

$$\pi = \frac{p_3}{p_2}. \tag{1.5}$$

Der 1. Hauptsatz für geschlossene Systeme lautet:

$$q + w = \mathrm{d}u \tag{1.6}$$

Die Volumenänderungsarbeit w ist:

$$w = -\int p \cdot \mathrm{d}v \tag{1.7}$$

Energiewandlung

In Tab. 1.3 sind schrittweise die einzelnen Energiewandlungen zusammengestellt.

Damit ergibt sich der thermische Wirkungsgrad als Verhältnis von Nutzen zu Aufwand:

---

[1]gelegentlich auch: $\delta = \frac{p_3}{p_1}$

$$\eta_{th} = \frac{\sum -w}{\sum q_{zu}} = -\frac{c_v(T_2 - T_1) - (c_p - c_v)(T_{3'} - T_3) + c_v(T_4 - T_{3'})}{c_v(T_3 - T_2) + c_p(T_{3'} - T_3)}$$

$$\eta_{th} = -\frac{c_v(T_2 - T_3) - c_p(T_{3'} - T_3) + c_v(T_4 - T_1)}{c_v(T_3 - T_2) + c_p(T_{3'} - T_3)}$$

$$\eta_{th} = 1 - \frac{c_v(T_4 - T_1)}{c_v(T_3 - T_2) + c_p(T_{3'} - T_3)} \qquad (1.8)$$

$$\eta_{th} = 1 - \frac{\frac{T_4}{T_1} - 1}{\frac{T_3}{T_1} - \frac{T_2}{T_1} + \kappa\left(\frac{T_{3'}}{T_1} - \frac{T_3}{T_1}\right)}$$

Es gilt ist für

isochore Zustandsänderungen

$$\frac{T_3}{T_2} = \frac{p_3}{p_2} = \pi, \qquad (1.9)$$

isobare Zustandsänderungen

$$\frac{T_{3'}}{T_3} = \frac{V_{3'}}{V_3} = \rho, \qquad (1.10)$$

isentrope Zustandsänderungen

$$\frac{T_2}{T_1} = \left(\frac{V_1}{V_2}\right)^{\kappa-1} = \varepsilon^{\kappa-1}. \qquad (1.11)$$

Damit ergibt sich:

$$\frac{T_3}{T_1} = \frac{T_3}{T_2} \cdot \frac{T_2}{T_1} = \pi \cdot \varepsilon^{\kappa-1}, \qquad (1.12)$$

$$\frac{T_4}{T_{3'}} = \left(\frac{V_{3'}}{V_4}\right)^{\kappa-1} = \left(\frac{V_{3'}}{V_3} \cdot \frac{V_3}{V_4}\right)^{\kappa-1} = \left(\frac{\rho}{\varepsilon}\right)^{\kappa-1}, \qquad (1.13)$$

$$\frac{T_{3'}}{T_1} = \frac{T_{3'}}{T_3} \cdot \frac{T_3}{T_1} = \rho \cdot \pi \cdot \varepsilon^{\kappa-1}, \qquad (1.14)$$

$$\frac{T_4}{T_1} = \frac{T_4}{T_{3'}} \cdot \frac{T_{3'}}{T_1} = \left(\frac{\rho}{\varepsilon}\right)^{\kappa-1} \cdot \rho \cdot \pi \cdot \varepsilon^{\kappa-1} = \pi \cdot \rho^\kappa \qquad (1.15)$$

und schließlich

$$\eta_{th} = 1 - \frac{\pi \cdot \rho^{\kappa} - 1}{\pi \cdot \varepsilon^{\kappa-1} - \varepsilon^{\kappa-1} + \kappa \left(\rho \cdot \pi \cdot \varepsilon^{\kappa-1} - \pi \cdot \varepsilon^{\kappa-1} \right)} \quad \text{bzw.}$$

$$\eta_{th} = 1 - \left(\frac{1}{\varepsilon} \right)^{\kappa-1} \frac{\pi \cdot \rho^{\kappa} - 1}{\pi - 1 + \kappa \cdot \pi \cdot (\rho - 1)}. \tag{1.16}$$

Hieraus lassen sich die Sonderfälle ableiten

Gleichraumprozess: $\rho = 1$

$$\eta_{th} = 1 - \left(\frac{1}{\varepsilon} \right)^{\kappa-1} \tag{1.17}$$

Gleichdruckprozess: $\pi = 1$

$$\eta_{th} = 1 - \left(\frac{1}{\varepsilon} \right)^{\kappa-1} \frac{\rho^{\kappa} - 1}{\kappa(\rho - 1)} \tag{1.18}$$

Abschätzungen für den thermischen Wirkungsgrad in Abhängigkeit von dem Verdichtungsverhältnis können am einfachsten mit der Gleichung für den Gleichraumprozess vorgenommen werden.

Berechnungen von thermischen Wirkungsgraden η_{th} des Seiliger- und des Gleichdruckprozesses setzen Annahmen oder Kenntnisse des Punktes 3′ bzw. 4 voraus. In Abb. 1.4 sind für verschiedene Gleichdruckverhältnisse die berechneten thermischen Wirkungsgrade aufgetragen. Der Gleichdruckprozess benötigt in Abhängigkeit von dem Gleichdruckverhältnis ein höheres Verdichtungsverhältnis als der Gleichraumprozess, wenn der gleiche thermische Wirkungsgrad erzielt werden soll. Bemerkenswert bei Gl. (1.17) ist, dass keine Angabe über die Druckerhöhung (Zünddruckverhältnis ρ) bei der Gleichraumverbrennung zu finden ist. Der thermische Wirkungsgrad ist beim Gleichraumprozess offensichtlich unabhängig von dieser Größe: je größer die zugeführte Wärme und somit der Druckzuwachs ist, umso mehr Arbeit kann verrichtet werden, allerdings nimmt (bei gleichen geometrischen Verhältnissen) auch die Abwärme zu. Der thermische Wirkungsgrad bleibt konstant.

In Tab. 1.4 sind Anhaltswerte für Verdichtungsverhältnisse angegeben.

Wird ein maximaler Zünddruck festgelegt, erzielt der Gleichdruckprozess einen höheren thermischen Wirkungsgrad als der Gleichraumprozess. Anschaulich kann dies mit Hilfe von Abb. 1.5 erläutert werden: Bei beiden Prozessen ist die Abwärme gleich groß. Beim Gleichraumprozess muss jedoch eine größere Wärme als beim Gleichraumprozess zugeführt werden.

$$\Delta Q = Q_{zu,\,Gleichdruck} - Q_{zu,\,Gleichraum}, \tag{1.19}$$

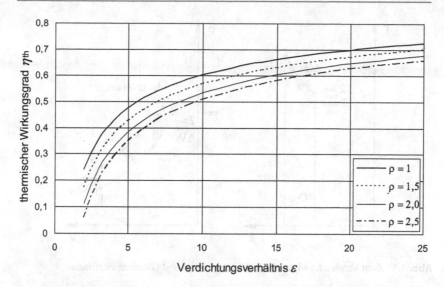

Abb. 1.4 Thermischer Wirkungsgrad in Abhängigkeit von dem Verdichtungsverhältnis

Tab. 1.4 Anhaltswerte für das Verdichtungsverhältnis ε von Viertakt–Motoren

Motor	Verdichtungsverhältnis ε
Ottomotoren 2 – Ventiler	8...10
Ottomotoren 4 – Ventiler	9...11
Aufgeladener Ottomotor ohne...mit Direkteinspritzung	6...11
Direkteinspritzender Ottomotor	bis 14
Aufgeladener direkteinspritzender Dieselmotor	12...21
Dieselmotor mit Kammerverfahren	18...24

Diese zusätzlich aufzuwendende Wärme ΔQ wird jedoch vollständig in eine zusätzliche Arbeit

$$\Delta W = \Delta Q \qquad (1.20)$$

gewandelt (siehe die schraffierten Flächen in Abb. 1.5). Folglich ist der Zugewinn am thermischen Wirkungsgrad $\Delta \eta_{th} = \Delta W / \Delta Q = 1$.

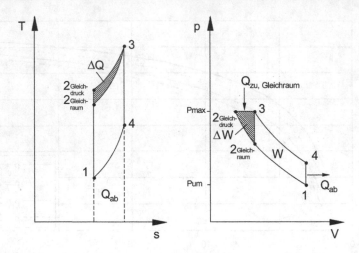

Abb. 1.5　Zum Vergleich zwischen Gleichraumprozess und Gleichdruckprozess

Weiterführende Literatur

1. Kraemer, O., Jungbluth, G.: Bau und Berechnung von Verbrennungsmotoren. Springer, Berlin (1983)
2. van Basshuysen, R., Schäfer, F. (Hrsg.): Handbuch Verbrennungsmotor: Grundlagen, Komponenten, Systeme, Perspektiven (ATZ/MTZ-Fachbuch), 8. Aufl. Springer, Wiesbaden (2017)
3. Urlaub, A.: Verbrennungsmotoren, 2. Aufl. Springer, Berlin (2014)
4. Köhler, E., Flierl, R.: Verbrennungsmotoren: Motormechanik, Berechnung und Auslegung des Hubkolbenmotors (ATZ/MTZ-Fachbuch), 6. Aufl. Vieweg + Teubner, Wiesbaden (2011)
5. Eifler, W., Schlücker, E., Spicher, U., Will, G.: Küttner Kolbenmaschinen: Kolbenpumpen, Kolbenverdichter, Brennkraftmaschinen, 7. Aufl. Vieweg + Teubner, Wiesbaden (2008)

Das Nulldimensionale Einzonenmodell für die Realprozessrechnung 2

2.1 Einleitung

Die Analyse, Modellierung und Simulation der sich zyklisch im Arbeitsraum von Kolbenmaschinen wiederholenden Vorgänge wird auch als Kreisprozessrechnung bezeichnet.

Im Folgenden wird der Arbeitsraum von Verbrennungsmotoren behandelt.

Vorgestellt wird die Nulldimensionale Modellierung. Sie umfasst keine örtliche Diskretisierung (Auflösung), sondern ist nur zeitdimensional.

Hinweis: Bei der sogenannten quasidimensionalen Modellierung werden lokal auftretende Phänomene berücksichtigt, indem die ortsabhängigen Variablen als Funktionen der Zeit (bzw. Kurbelwinkel oder Kolbenweg) eingeführt werden. Dies wird häufig für Strömung, Verbrennung und Wärmeübertragung angewendet.

Die hauptsächliche Zielsetzung der vorliegenden Betrachtungen ist die Vorausberechnung. Damit können Aussagen beispielsweise über die energetische Effizienz gewonnen werden und durch Änderungen der Grunddaten und Betriebsdaten des Motors, d. h. mit rechnerischen Simulationen, auch beispielsweise eine rechnerische Optimierung durchgeführt werden. Mithilfe der sich zyklisch ändernden Größen Temperatur und Druck können Beanspruchungen von Komponenten ermittelt werden.

Zur Analyse von Messergebnissen können die Berechnungsansätze abgeändert werden, siehe beispielsweise [1].

Am Ende des Kap. 2 ist Literatur zu dem Thema zusammengestellt, auf die zurückgegriffen wurde. Insbesondere sind die hier angegebenen Grundlagen sehr umfänglich und ausführlich in [1] enthalten, weiterführende Konkretisierungen finden sich in [2] und [5].

© Springer-Verlag GmbH Deutschland, ein Teil von Springer Nature 2020
T. Maurer, *Einführung in die Realprozessrechnung von Verbrennungsmotoren*,
https://doi.org/10.1007/978-3-662-59262-5_2

2.2   Annahmen für das nulldimensionale Einzonenmodell

Der Brennraum stellt ein instationäres und offenes System dar.

Der Brennraum wird in eine oder mehrere sogenannte Zonen unterteilt, die als homogen durchmischt angesehen werden können. Die Volumina der Zonen werden durch die Größe des aktuellen Zylinderinhalts vorgegeben. Bei zwei und mehr Zonen werden beispielsweise Zonen mit unverbranntem und solche mit verbranntem Gemisch unterschieden. Das Arbeitsgas in den Zonen kann als homogenes Gemisch aus (idealen) Gasen betrachtet werden. Über die jeweiligen Zonengrenzen können, je nach ihrer Beschaffenheit, ein Stofftransport und ein Energietransport erfolgen. Reibungskräfte treten innerhalb der Zonen nicht auf, sodass keine (aufwendig zu lösenden) Impulsgleichungen aufzustellen sind. Im Folgenden wird der Brennraum als eine Zone betrachtet. Der Berechnungsaufwand kann damit klein gehalten werden und für viele Betrachtungen sind die gewonnenen Ergebnisse hinreichend genau.

Im Folgenden wird zwischen *luftansaugend,* was dem Dieselverfahren und dem direkteinspritzenden Ottoverfahren, und *gemischansaugend,* was dem klassischen Ottoverfahren entspricht, unterschieden.

2.3   Bilanzgleichungen

In den Abb. 2.1 und 2.2 sind die folgenden Bilanzgleichungen veranschaulicht. Das Bilanzgebiet ist der mit einer gestrichelten Linie umhüllte Arbeitsraum.

Zu beachten ist, dass bei den folgenden Formulierungen, siehe [1], die Vorzeichen der Masse, Enthalpie, der übertragenen Wärme und Arbeit bereits bei den Operatoren berücksichtigt sind (in das Bilanzgebiet eintretend erhält „+"). Es handelt sich folglich um skalare und nicht um vektorielle Größen.

Die Bilanzgleichungen werden folgend in differenzieller Schreibweise in Abhängigkeit von einer kleinen Drehwinkeländerung der Kurbelwelle dφ (im Bogenmaß!) angegeben.

Die Zeitabhängigkeit dt ergibt sich somit mit der Multiplizierung mit der Drehzahl n

$$\mathrm{d}t = \frac{\mathrm{d}\varphi}{2\pi} n. \tag{2.1}$$

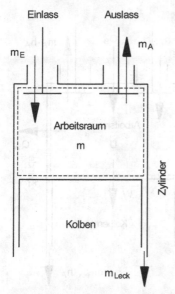

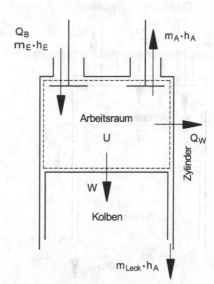

Zur Massenbilanz - gemischansaugend   Zur Energiebilanz - gemischansaugend

Abb. 2.1 Veranschaulichung der Bilanzgleichungen – gemischansaugend

2.3.1 Massenbilanz

Die Massenbilanzen lauten
  für **luftansaugend**

$$\frac{\mathrm{d}m}{\mathrm{d}\varphi} = \frac{\mathrm{d}m_{\mathrm{E}}}{\mathrm{d}\varphi} - \frac{\mathrm{d}m_{\mathrm{A}}}{\mathrm{d}\varphi} - \frac{\mathrm{d}m_{\mathrm{Leck}}}{\mathrm{d}\varphi} + \frac{\mathrm{d}m_{\mathrm{B}}}{\mathrm{d}\varphi}, \tag{2.2}$$

für **gemischansaugend**

$$\frac{\mathrm{d}m}{\mathrm{d}\varphi} = \frac{\mathrm{d}m_{\mathrm{E}}}{\mathrm{d}\varphi} - \frac{\mathrm{d}m_{\mathrm{A}}}{\mathrm{d}\varphi} - \frac{\mathrm{d}m_{\mathrm{Leck}}}{\mathrm{d}\varphi} \tag{2.3}$$

Die Leckagemasse $\mathrm{d}m_{\mathrm{Leck}}$ (Blow-by-Masse) beträgt über einen Zyklus typischerweise 0,5 bis 1,5 % der Ansaugmasse. Bei gemischansaugenden Motoren entspricht die Zusammensetzung der Blow-by-Gase der Masse m. Bei luftansaugenden Motoren setzt sich zumindest während der Verdichtungsphase das Blow-by-Gas aus Luft und den nach Einlassschluss enthaltenen Verbrennungsgasen (infolge Ventilüberschneidung und Abgasrückführung) zusammen. Da der Blow-by gering ist, kann er auch vernachlässigt werden (bzw. anderweitig, wie z. B. mit einem etwas

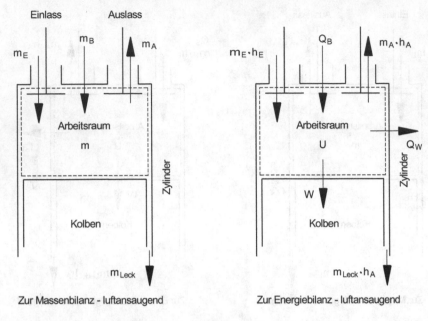

Abb. 2.2 Veranschaulichung der Bilanzgleichungen – luftansaugend

geringeren Ansaugdruck, berücksichtigt werden), ohne dass die Genauigkeit der Ergebnisse sehr beeinflusst wird.

2.3.2 Energiebilanz

Bilanziert wird die im Arbeitsraum enthaltene innere Energie U

$$\frac{dU}{d\varphi} = -p\frac{dV}{d\varphi} + \frac{dQ_B}{d\varphi} - \frac{dQ_W}{d\varphi} + h_E\frac{dm_E}{d\varphi} - h_A\frac{dm_A}{d\varphi} - h_A\frac{dm_{Leck}}{d\varphi}. \quad (2.4)$$

2.3.3 Übersicht über die Unbekannten zur Lösung der Bilanzgleichungen

- Der *energetische Zustand* des Arbeitsgases ist durch die Temperatur T und den Druck p bestimmt.
- Die momentane Zusammensetzung des Arbeitsgases ist durch das Luftverhältnis λ, das Restgas und die Abgasrückführung bestimmt.

- Die umgesetzte Brennstoffwärme dQ_B ist durch ein empirisch gewonnenes Brenngesetz bestimmt.
- Für die Wärmeübertragung dQ_W zwischen Arbeitsgas und der Wand des Arbeitsraums sind thermische Randbedingungen anzugeben und empirisch gewonnene Berechnungsgleichungen für den Wärmedurchgangskoeffizienten anzuwenden.
- Für die momentane Größe des Arbeitsraums V sind die geometrischen Parameter des Motors festzulegen.

Zur Berechnung werden zweckmäßig die *Anfangsbedingungen zum Einlassschluss* festgelegt:

- Arbeitsgasmasse m,
- Zusammensetzung der Arbeitsgasmasse und
- der Zustand p, T.

Hinweis: Eine der vier Variablen T, p, λ, dQ_B muss bekannt sein, die anderen drei lassen sich dann mit der Massenbilanz, der Energiebilanz sowie der Zustandsgleichung des Arbeitsgases berechnen.

Die *Randbedingungen* sind

- Temperatur der Ansaugluft,
- Temperatur der Wärmesenke (Kühlflüssigkeit),
- Umgebungsdruck oder Druck im Einlasssystem und Druck im Auslasssystem.

Hinweis

Bei einer Analyse ausgeführter Motoren ist der gemessene Arbeitsraumdruck vorgegeben. Ziel ist die Analyse von Verzug, Beginn, Dauer, Verlauf und Geschwindigkeit der Verbrennung.

Bei einer Simulation/Vorausberechnung muss der Brennverlauf vorgegeben werden. Ziel ist die Ermittlung von Druck, Temperatur und Massenzusammensetzung, sodass die indizierte Arbeit, der Verbrauch, die thermischen und mechanischen Belastungen, das Geräuschverhalten etc. bestimmt werden können.

2.4 Zustandsgleichung

Der *thermische Zustand* des Gases im Arbeitsraum ist durch die Größen Druck p, Temperatur T und Volumen V bestimmt. Das Volumen V ist durch die Geometrie bestimmt, siehe dazu Abschn. 2.5.13. Wird das Arbeitsgas als ideales Gas betrachtet, lautet die Zustandsgleichung in differenzieller Form

$$p \frac{\mathrm{d}V}{\mathrm{d}\varphi} + V \frac{\mathrm{d}p}{\mathrm{d}\varphi} = mR \frac{\mathrm{d}T}{\mathrm{d}\varphi} + mT \frac{\mathrm{d}R}{\mathrm{d}\varphi} + RT \frac{\mathrm{d}m}{\mathrm{d}\varphi}. \tag{2.5}$$

Vereinfachend kann die Gaskonstante als druck- und temperaturunabhängig betrachtet werden. Der Realgaseinfluss kann durch den Realgasfaktor, siehe Abschn. 2.5.6, berücksichtigt werden.

2.5   Bestimmung der einzelnen Größen

2.5.1   Masse im Arbeitsraum

Entsprechend [1] kann die Masse angegeben werden:
luftansaugend

$$m = m_{\mathrm{L,RG}} + m_{\mathrm{B,RG}} + m_{\mathrm{Lu}} + m_{\mathrm{Lv}} + m_{\mathrm{Bv}}, \tag{2.6}$$

gemischansaugend

$$m = m_{\mathrm{L,RG}} + m_{\mathrm{B,RG}} + m_{\mathrm{Lu}} + m_{\mathrm{Lv}} + m_{\mathrm{Bv}} + m_{\mathrm{Bu}}. \tag{2.7}$$

Bei gemischansaugenden Motoren wird die Brennstoffmasse m_{BU} durch den Einlass mit angesaugt, hingegen erfolgt bei Motoren mit ausschließlich Luftansaugung (Dieselmotor und direkteinspritzende Ottomotoren) eine Einspritzung durch ein Einspritzventil.

Im Folgenden wird diese Betrachtung abgewandelt und nur unterschieden zwischen

- Luft Lu, die stöchiometrisch verbrannt wird,
- Luft Luu, die als Luftüberschuss nicht an der Verbrennung teilnimmt (und beispielsweise auch durch die Abgasrückführung wieder in den Arbeitsraum zurückgelangen kann),
- unverbrannte Brennstoffmasse Bu, die bei gemischansaugenden Motoren bereits bei Einlassschluss im Zylinder enthalten ist,
- Verbrennungsgas VG, das eine stöchiometrische Zusammensetzung besitzt.

Als vorteilhaft dieser Betrachtung werden die einfache Formulierung der Bilanzgleichungen und die Verwendung der Stoffdaten für die jeweiligen Komponenten angesehen.

Im Folgenden werden für eine vereinfachte Schreibweise mit dem Index i die Bestandteile des Arbeitsgases $i =$ Bu, Lu, Luu oder VG gekennzeichnet.

Die Massenanteile im Arbeitsraum zwischen Einlassschluss bis zu Auslassbeginn sind in Abb. 2.3 schematisch dargestellt. Die Gaszusammensetzung bei Einlassschluss ergibt sich aus der angesaugten Masse und der noch im Zylinder enthaltenen Restgasmasse sowie einer eventuellen Abgasrückführung. Für die Abgasrückführung sind Festlegungen erforderlich.

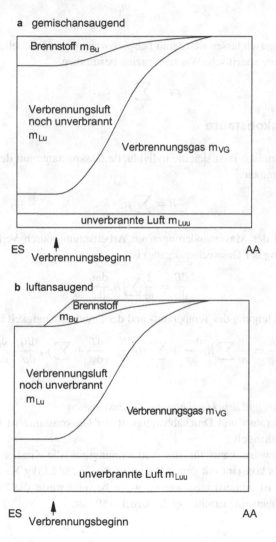

Abb. 2.3 Gaszusammensetzung im Arbeitsraum

Die Gesamtmasse beträgt

$$m = \sum_i m_i. \tag{2.8}$$

Die Gasmassenanteile μ_i ergeben sich aus

$$\mu_i = \frac{m_i}{m}. \tag{2.9}$$

Für ein Gasgemisch lassen sich damit beispielsweise die individuelle Gaskonstante und die isochore spezifische Wärmekapazität bestimmen.

$$c_v = \sum_i \mu_i \cdot c_{vi}. \tag{2.10}$$

2.5.2 Gaskonstante

Für ein Gasgemisch lässt sich die individuelle Gaskonstante mit den Gasmassenanteilen bestimmen

$$R = \sum_i \mu_i \cdot R_i. \tag{2.11}$$

Entsprechend der Massenänderungen im Arbeitsraum (durch Verbrennung und Durchströmung der Gaswechselorgane) ist

$$\frac{dR}{d\varphi} = \frac{1}{m} \sum_i R_i \frac{dm_i}{d\varphi}. \tag{2.12}$$

Mit Berücksichtigung der Temperatur- und der Druckabhängigkeit ist

$$\frac{dR}{d\varphi} = \frac{1}{m} \sum_i R_i \frac{dm_i}{d\varphi} + \sum_i \mu_i \frac{dR_i}{dT} \cdot \frac{dT}{d\varphi} + \sum_i \mu_i \frac{dR_i}{dp} \cdot \frac{dp}{d\varphi}. \tag{2.13}$$

Näherungen

a) *Temperatur- und druckunabhängige Gaskonstanten*
   Die Temperatur- und Druckabhängigkeit der Gaskonstante ist beispielsweise in [1, 3] behandelt.
   Näherungsweise kann für das Verbrennungsgas die Gaskonstante vereinfachend als konstant mit dem Zahlenwert $R_{VG} = 288$ kJ/(kg K) angesetzt werden. Dies ist zumeist ausreichend, wenn beispielsweise die Zielsetzung der Berechnungen eine Ermittlung der Druckkräfte ist.

Die Gaskonstante von Benzindampf kann zumeist als konstant angesetzt werden, da bei hohen Temperaturen und Drücken der Kraftstoff ohnehin weitgehend verbrannt ist, sodass
$R_{Bu} = 78{,}39$ J/(kg K) angesetzt werden kann.
Die Gaskonstante von Luft kann bei Vernachlässigung der Temperatur- und Druckabhängigkeit mit $R_{Lu} = 287{,}1$ J/(kg K) angesetzt werden.

b) *Temperaturabhängige Gaskonstanten*
Bei höheren Genauigkeitsanforderungen ist zumindest die Temperaturabhängigkeit zu berücksichtigen. Die Druckabhängigkeit kann sich insbesondere bei hohen Temperaturen auswirken. Da bei Verbrennungsmotoren hohe Arbeitsgastemperaturen mit hohen Drücken korrelieren, kann zweckmäßig die Temperaturabhängigkeit bei einem hohen Druck ermittelt werden und im Weiteren dann die Druckabhängigkeit vernachlässigt werden. Wenn nicht sehr hohe Genauigkeitsanforderungen an die Berechnung gestellt werden, können somit der Rechenaufwand und die Rechenzeit erheblich reduziert werden.
Für die (schnelle) numerische Berechnung zur Bestimmung der Stoffdaten sind Berechnungsgleichungen, siehe beispielsweise [3], den tabellierten Daten, siehe beispielsweise [1], vorzuziehen. Im Folgenden werden in [1] angegebene Tabellenwerte mit Polynomgleichungen 4. Ordnung

$$R = a_0 + \sum_{i=1}^{4} a_i \cdot T^i. \tag{2.14}$$

jeweils für einen Druck von 100 bar angenähert, s. Abb. 2.4 und 2.5.
Die Ableitungen nach der Temperatur ergeben sich aus

$$\frac{dR}{dT} = \sum_{i=1}^{4} i \cdot a_i \cdot T^{i-1}. \tag{2.15}$$

Die Koeffizienten der Polynomgleichungen sind in der Tab. 2.1 zusammengefasst.

2.5.3 Innere Energie

Die innere Energie

$$U = m \cdot u \tag{2.16}$$

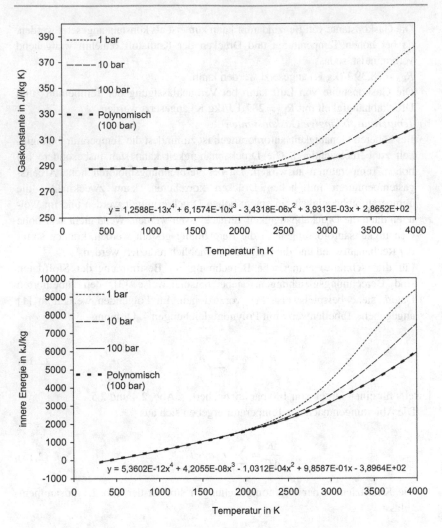

Abb. 2.4 Gaskonstante und innere Energie von Verbrennungsgas mit $\lambda = 1$

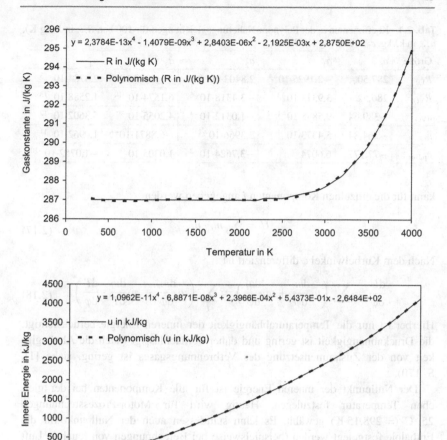

Abb. 2.5 Gaskonstante und innere Energie von Luft, Zahlenwerte nach [1] für Verbrennungsgas mit $\lambda = 100.000$ und $p = 100$ bar

Tab. 2.1 Koeffizienten a_i der Polynom-Näherungsgleichungen für 100 bar, $R\ldots$ in J/(kg K), $u\ldots$ in kJ/kg, $c_p\ldots$ in J/(kg K), T in K

Größe	a_0	a_1	a_2	a_3	a_4
R_{Lu}	287,50	$-2,1925 \cdot 10^{-3}$	$2,8403 \cdot 10^{-6}$	$-1,4079 \cdot 10^{-9}$	$2,3784 \cdot 10^{-13}$
R_{VG}	286,52	$3,9313 \cdot 10^{-3}$	$-3,4318 \cdot 10^{-6}$	$6,1574 \cdot 10^{-10}$	$1,2588 \cdot 10^{-13}$
u_{VG}	$-389,64$	$9,5878 \cdot 10^{-1}$	$-1,0312 \cdot 10^{-4}$	$4,2055 \cdot 10^{-8}$	$5,3602 \cdot 10^{-12}$
u_L	$-264,84$	$5,4373 \cdot 10^{-1}$	$2,3966 \cdot 10^{-4}$	$-6,8871 \cdot 10^{-8}$	$1,0962 \cdot 10^{-11}$
$c_{p,Bu}$	$-77,177$	$6,6074$	$-3,7624 \cdot 10^{-3}$	$1,0305 \cdot 10^{-6}$	$-1,0752 \cdot 10^{-10}$

kann für die einzelnen Komponenten i angegeben werden

$$U = \sum_i m_i \cdot u_i. \tag{2.17}$$

Nach dem Kurbelwinkel φ differenziert ist

$$\frac{dU}{d\varphi} = \sum_i \left(u_i \frac{dm_i}{d\varphi} + m_i \frac{du_i}{d\varphi} \right) = \sum_i \left(u_i \frac{dm_i}{d\varphi} + m_i \frac{du_i}{dT} \cdot \frac{dT}{d\varphi} \right). \tag{2.18}$$

Hierbei ist nur die Temperaturabhängigkeit der inneren Energie berücksichtigt, die Druckabhängigkeit ist gering und daher vernachlässigt (auch die Abhängigkeit von der Zusammensetzung des Verbrennungsgases ist gering, siehe [1], S. 170).

Der Nullpunkt der inneren Energie ist für alle Komponenten bei der gleichen Temperatur festzulegen. Häufig wird für Motor-Prozessrechnungen 25 °C ($= 298,15$ K) gewählt. Es kann stattdessen auch der Nullpunkt für die Enthalpie festgelegt werden (beispielsweise bei Berechnungen von feuchter Luft wird häufig 0 °C gewählt), siehe dazu auch Abschn. 2.7.

Die spezifische Wärmekapazität berechnet sich aus

$$c_v = \frac{du}{dT}. \tag{2.19}$$

Aufgrund der Polynomdarstellung der Stoffdaten ist die Differenzierung der inneren Energie nach der Temperatur einfach (siehe entsprechend Gl. (2.15)).

2.5.4 Enthalpie

Da bereits die innere Energie und die individuelle Gaskonstante bestimmt sind, wird zweckmäßig die spezifische Enthalpie mit

$$h = u + RT \qquad (2.20)$$

und entsprechend für i Komponenten mit

$$H = \sum_i m_i \cdot (u_i + R_i T) \qquad (2.21)$$

berechnet.

Die Summe der i Komponenten kann mit A für ‚Austritt' aus und E für ‚Eintritt' in den Arbeitsraum bezeichnet werden. Damit ist

$$h_A \frac{dm_A}{d\varphi} = (u_A + R_A T_A) \frac{dm_A}{d\varphi}, \qquad (2.22)$$

wobei

$$m_A = m_{A,\text{Auslass}} + m_{A,\text{Leck}}. \qquad (2.23)$$

Für die eintretende Masse ist entsprechend

$$h_E \frac{dm_E}{d\varphi} = (u_E + R_E T_E) \frac{dm_E}{d\varphi}. \qquad (2.24)$$

Die Indizes A für Auslass und E für Einlass beziehen sich auf die Zustände nahe nach der Auslassstelle und nahe vor der Einlassstelle.

Bei der hier vorliegenden nulldimensionalen Modellierung wird auf die Berücksichtigung der äußeren Energie der strömenden Gase und des eingespritzten flüssigen Brennstoffs bei luftansaugenden Verfahren verzichtet.

2.5.5 Stoffdaten von Benzin

Für Benzin kann die Gaskonstante näherungsweise mit $R_{Bu} = 78,39$ J/(kg K) festgelegt werden [1].

In [1] sind zwei Näherungsgleichungen für die isobare spezifische Wärmekapazität c_p für 300 bis 1200 K und für 1200 K bis 2800 K angegeben. Beide Gleichungen können bis 2800 K durch eine Polynomgleichung

$$c_{p,\text{Bu}} = a_0 + \sum_{i=1}^{4} a_i \cdot T^i \qquad (2.25)$$

ersetzt werden. Aufgrund

$$c_{v,\text{Bu}} = c_{p,\text{Bu}} - R_{Bu} \qquad (2.26)$$

ergibt sich mit

$$u_{Bu} = \int_{T_0}^{T} c_{v,Bu} dT \tag{2.27}$$

schließlich

$$u_{Bu} = a_0 \cdot (T - T_0) + \sum_{i=1}^{4} \frac{1}{i+1} a_i \cdot T^{i+1} - \sum_{i=1}^{4} \frac{1}{i+1} a_i \cdot T_0^{i+1} + R_{Bu} \cdot (T - T_0). \tag{2.28}$$

Die kurbelwinkelabhängige Änderung der inneren Energie ist

$$\frac{du_{Bu}}{d\varphi} = c_{v,Bu} \frac{dT}{d\varphi}. \tag{2.29}$$

2.5.6 Realgasverhalten

Der Realgasfaktor Z_{VG} für das Verbrennungsgas kann mit

$$\frac{pv}{RT} = Z_{VG} = 1 + \Delta z_{VG, \text{Dissoziation}} + \Delta z_{VG, \text{Druck}} \tag{2.30}$$

angegeben werden. Der Realgasfaktor Δz_{Druck} wird zumeist vernachlässigt, der Realgasfaktor $\Delta z_{Dissoziation}$ nimmt erst ab 2000 K merklich zu und beträgt etwa $\Delta z_{Dissoziation} = 0{,}04$ bei $T = 3000$ K und einem Druck von $p = 10$ bar, bzw. $\Delta z_{Dissoziation} = 0{,}002$ bei einem Druck von $p = 100$ bar, siehe [1].

Unter Vernachlässigung der Druckabhängigkeit kann angenähert werden: *Zahlenwertgleichung!* T in K

$$\Delta z_{VG, \text{Dissoziation}} = 2,8 \cdot 10^{-8} \cdot T^2 - 1,1 \cdot 10^{-4} T + 0,108 \tag{2.31}$$

Mit Berücksichtigung der Druckabhängigkeit kann folgende Näherung verwendet werden:
Zahlenwertgleichung! T in K, p in bar

$$Z_{VG} = 1 + (4 \cdot 10^{-8} \cdot T^2 - 1,6 \cdot 10^{-4} \cdot T + 0,16) \cdot (1 - (T - 2000)/1000 \cdot 0,6 \cdot (p - 10)/100) \tag{2.32}$$

Für die numerische Berechnung ist es günstiger, die Druckabhängigkeit nicht explizit zu berücksichtigen, da sonst iterative Lösungen für den Druck bei einem Berechnungsschritt notwendig werden. Da bei Verbrennungsmotoren hohe Verbrennungstemperaturen mit hohen Drücken korrelieren, kann der Realgasfaktor näherungsweise auch mit

Zahlenwertgleichung! T in K, p in bar

$$Z_{\text{VG}} = 1,008 + 8 \cdot 10^{-9} T^2 - 2 \cdot 10^5 \cdot T \tag{2.33}$$

bestimmt werden. Zu beachten ist, dass dieser Realgasfaktor nur für Temperaturen von über 2000 K zu berücksichtigen ist und näherungsweise für das Gasgemisch im Arbeitsraum und folglich auch für unverbrannten Brennstoff und Luft angewendet wird.

2.5.7 Brennverlauf, Verbrennungsluftverhältnis, Mindestluftbedarf

Der Brennverlauf (auch Brenngesetz) wird durch Brennraumform, Verbrennungsverfahren, Motorlast, Motordrehzahl, Zündbeginn, Aufladegrad und Verdichtungsverhältnis beeinflusst

$$\frac{dQ_{\text{B}}}{d\varphi} = H_{\text{u}} \frac{dm_{\text{Bv}}}{d\varphi}. \tag{2.34}$$

Entsprechend des verbrannten Brennstoffs m_{Bv} nimmt der unverbrannte Brennstoff ab

$$\frac{dm_{\text{Bu}}}{d\varphi} = -\frac{1}{H_{\text{u}}} \frac{dQ_{\text{B}}}{d\varphi}. \tag{2.35}$$

Die Umsetzrate beträgt mit dem Verbrennungsbeginn φ_{VB}

$$x(\varphi) = \frac{Q_{\text{B}}(\varphi)}{Q_{\text{B,ges}}} = \frac{\int\limits_{\varphi_{\text{VB}}}^{\varphi} dQ_{\text{B}}}{m_{\text{B,ges}} H_{\text{u}}}. \tag{2.36}$$

Der Brennverlauf kann durch Funktionen angenähert werden, die sowohl theoretisch hergeleitet werden können als auch experimentell verifizierbar sind. Es wird ein Brennverlauf nach Vibe („Vibe-Brennverlauf") [9] (Abb. 2.6.)

$$x = \frac{Q_{\text{B}}(\varphi)}{Q_{\text{B,ges}}} = 1 - \exp\left(C\left(\frac{t}{t_{\text{ges}}}\right)^{m+1}\right) \tag{2.37}$$

mit m als Formfaktor bzw. Kennwert der Durchbrennfunktion und t als Brenndauer verwendet. Die Konstante C beträgt $C = -6,908$ bei einer Umsetzrate der Brennstoffenergie von $x = 0,999$.

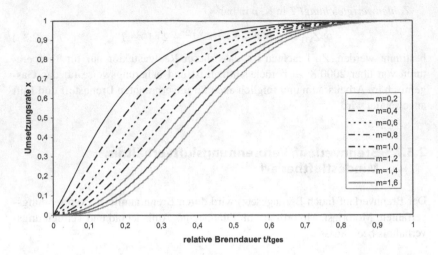

Abb. 2.6 Umsetzungsrate nach Vibe

Mit dem Kurbelwinkel φ ergibt sich

$$x = \frac{Q_B(\varphi)}{Q_{B,ges}} = 1 - \exp\left(-6{,}908\left(\frac{\varphi - \varphi_{VB}}{\Delta\varphi_{VD}}\right)^{m+1}\right). \tag{2.38}$$

Differenziert ergibt sich der Brennverlauf (Umsetzgeschwindigkeit) (Abb. 2.7)

$$\frac{dQ_B(\varphi)}{d\varphi} = \frac{Q_{B,ges}}{\Delta\varphi_{VD}}6{,}908(m+1)\left(\frac{\varphi - \varphi_{VB}}{\Delta\varphi_{VD}}\right)^m \exp\left(-6{,}908\left(\frac{\varphi - \varphi_{VB}}{\Delta\varphi_{VD}}\right)^{m+1}\right). \tag{2.39}$$

Der Formfaktor beträgt typischerweise $0{,}25 \leq m \leq 1{,}6$.

Es können beispielsweise auch zwei Vibe-Brennverläufe verwendet werden, um die Brennstoffrate besser an gemessene Druckverläufe anpassen zu können. Dies kann beispielsweise bei Vorkammer-Dieselmotoren und Motoren mit Vor- bzw. Nacheinspritzung zweckmäßig sein.

Verbrennungsluftverhältnis

Tatsächlich kann nur der Brennstoff umgesetzt werden, für den hinreichend Sauerstoff zur Verbrennung vorhanden ist.

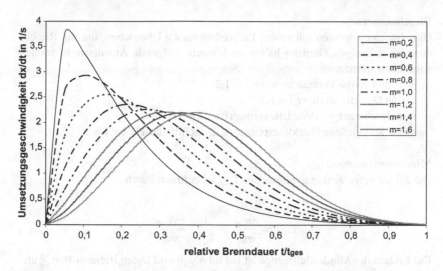

Abb. 2.7 Umsetzungsgeschwindigkeit nach Vibe

Das Verbrennungsluftverhältnis λ ist definiert als Verhältnis der im Zylinder für die Verbrennung zur Verfügung stehenden Luftmasse m_L zur stöchiometrisch notwendigen $m_{L,st}$:

$$\lambda = \frac{m_L}{m_{L,st}} = \frac{m_L}{m_B \cdot L_{st}}. \qquad (2.40)$$

Das Luftverhältnis λ wird bezeichnet:

$\lambda > 1$: mageres Gemisch, „Luftüberschuss" liegt vor
$\lambda < 1$: fettes Gemisch, „Luftmangel" liegt vor

Zu beachten ist, dass bei der Formulierung des Brennverlaufs nach Vibe das Luftverhältnis λ nicht direkt auftritt. Der Formfaktor m in Gl. (2.37) hängt jedoch auch vom Luftverhältnis λ ab.

Ottomotoren
Bei konventionellen Ottomotoren beträgt in der Regel $\lambda = 1$, insbesondere falls ein sogenannter 3-Wege-Katalysator zur Abgasnachbehandlung eingesetzt wird. Die Zündgrenze liegt typischerweise zwischen $0{,}85 < \lambda < 1{,}05$. Bei Magermotoren liegt das Luftverhältnis typischerweise bei 1,2 bis 1,5 und bei neueren Entwicklungen auch bei 2 bis 5.

Dieselmotoren

Dieselmotoren werden mit einem Luftverhältnis $\lambda > 1$ betrieben, um die Rußbildung in zulässigen Grenzen halten zu können. Folgende Anhaltswerte können angegeben werden:

Vor- und Wirbelkammermotoren $\lambda = 1,2$

kleine Direkteinspritzer $\lambda = 1,3$

mittelgroße aufgeladene Direkteinspritzer $\lambda = 1,5$

große aufgeladene Direkteinspritzer (z. B. Schiffsdiesel) $\lambda = 1,8$

Mindestluftmenge L_{min}:

Die Mindest(verbrennungs)luftmenge L_{min} ist definiert durch

$$L_{min} = \frac{m_{L,st}}{m_B} = \frac{1}{\xi_{O_2}} \cdot \frac{m_{O_2,st}}{m_B}. \tag{2.41}$$

Die Einheit der Mindestluftmenge ist bei flüssigen und festen Brennstoffen $\frac{kg}{kg}$ und bei gasförmigen Brennstoffen häufig auch $\frac{kg}{m^3}$.

Der Massenanteil (auch gelegentlich als Massenkonzentration bezeichnet) einer Komponente i von einer Gesamtmasse ist

$$\xi_i = \frac{m_i}{m_{ges}}. \tag{2.42}$$

In Brennstoffen für Verbrennungsmotoren sind üblicherweise verbrennungsfähig: Kohlenstoff C, Wasserstoff H und Schwefel S (insbesondere früher, heute auch noch nennenswert in Schwerölen).

Bei vollständiger Verbrennung entstehen Kohlendioxid CO_2, Wasserdampf H_2O und Schwefeldioxid SO_2:

$$\begin{array}{rcl} C & + O_2 & \rightarrow CO_2 \\ H_2 & + \frac{1}{2}O_2 & \rightarrow H_2O \\ S & + O_2 & \rightarrow SO_2 \end{array}$$

Damit ist:

$$L_{min} = \frac{1}{\xi_{O_2}} \cdot \left[\frac{M_{O_2}}{M_C} \cdot c + \frac{1}{4} * \frac{M_{O_2}}{M_H} \cdot h + \frac{M_{O_2}}{M_S} \cdot s - o \right]$$

Mit den Kleinbuchstaben c, h, s und o werden hier die Massenkonzentrationen von C, H, S und O im Brennstoff bezeichnet.

Der Massenanteil Sauerstoff in Luft beträgt $\xi_{O_2} = \frac{m_{O_2}}{m_{Luft}} = 0,232$.

Mit den molaren Massen der Stoffe ergibt sich die Zahlenwertgleichung(!):

$L_{min} = \frac{1}{0,232} \cdot [2,664 \cdot c + 7,937 \cdot h + 0,988 \cdot s - o]$ in $\frac{kg}{kg}$

Kurbelwinkelangaben zur Charakterisierung der Verbrennung
Die folgenden Bezeichnungen sind gebräuchlich:

Verbrennungsbeginn φ_{VB},
Verbrennungsdauer φ_{VD}.

Bei Dieselmotoren und direkteinspritzenden Ottomotoren:
    Einspritzbeginn φ_{EB} und Zündverzug $\Delta\varphi_{ZV}$.
    Bei Ottomotoren:
    Zündzeitpunkt φ_{ZZ} und Brennverzug $\Delta\varphi_{BV}$.
    Diese Winkel stehen in dem Zusammenhang

$$\varphi_{VB} = \varphi_{ZZ} + \Delta\varphi_{BV}, \text{ bzw. } \varphi_{VB} = \varphi_{EB} + \Delta\varphi_{ZV}. \tag{2.43}$$

Der Zündverzug hängt bei einem jeweiligen Motor von der Drehzahl, der Temperatur und dem Druck ab.

Zur Vorausberechnung werden zweckmäßig Zahlenwerte für den Verbrennungsbeginn und die Brenndauer vorgegeben, jedoch nicht für den Zündverzug.

Falls auch eine Verbrennungssimulation durchgeführt werden soll, sind beispielsweise in [1] und [5] Hinweise zu finden.

2.5.8 Wärmedurchgang

In Abb. 2.8 ist der Wärmedurchgang vom Arbeitsraum über die Zylinderwand zum Kühlmittel veranschaulicht.

Gasseitiger Wärmeübergang
Beim gasseitigen Wärmeübergang können neben dem konvektiven Wärmeübergang auch erhebliche Strahlungsanteile auftreten. Vereinfachend werden diese bei dem gasseitigen Wärmeübergangskoeffizienten mitberücksichtigt [1]. Ferner werden häufig über einen Zyklus zeitlich und örtlich gemittelte gasseitige Wärmeübergangskoeffizienten und Gastemperaturen verwendet (mit dem Index m versehen).

$$T_{Gm} - T_{WGm} = \frac{\dot{Q}_m}{A_m} \frac{1}{\alpha_{Gm}} \tag{2.44}$$

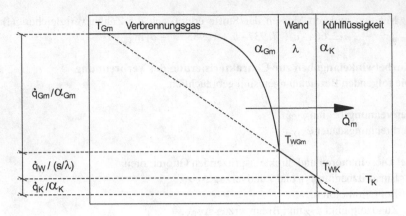

Abb. 2.8 Wärmedurchgang vom Arbeitsraum über die Zylinderwand zum Kühlmittel

Wärmeleitung

$$T_{\text{WGm}} - T_{\text{WK}} = \frac{\dot{Q}_{\text{m}}}{A_{\text{m}}} \frac{s}{\lambda} \tag{2.45}$$

Kühlmittelseitiger Wärmeübergang

$$T_{\text{WK}} - T_{\text{K}} = \frac{\dot{Q}_{\text{m}}}{A_{\text{m}}} \frac{1}{\alpha_{\text{K}}} \tag{2.46}$$

Damit ergibt sich

$$T_{\text{Gm}} - T_{\text{K}} = \frac{\dot{Q}_{\text{m}}}{A_{\text{m}}} \left(\frac{1}{\alpha_{\text{Gm}}} + \frac{s}{\lambda} + \frac{1}{\alpha_{\text{K}}} \right), \tag{2.47}$$

$$T_{\text{WGm}} = \frac{\alpha_{\text{Gm}} T_{\text{Gm}} + T_{\text{K}}/(1/\alpha_{\text{K}} + s/\lambda)}{\alpha_{\text{Gm}} + 1/(1/\alpha_{\text{K}} + s/\lambda)}, \tag{2.48}$$

$$T_{\text{WK}} = T_{\text{WGm}} - \frac{s}{\lambda} \frac{1}{1/\alpha_{\text{K}} + s/\lambda} (T_{\text{WGm}} - T_{\text{K}}). \tag{2.49}$$

Zur Bestimmung des gasseitigen Wärmeübergangskoeffizienten gibt es zahlreiche Untersuchungen und Modellierungen. Die folgenden einfachen Ansätze benötigen keine Berücksichtigung des Strömungsfelds, siehe beispielsweise [1]:

Zahlenwertgleichung nach Hohenberg, α in W/(m^2 K), V in Liter, p in bar, T in K und v_{Km} in m/s

$$\alpha_G = a_1 V^{a_2} p^{a_3} T^{a_4} (v_{Km} + a_5)^{a_6}, \tag{2.50}$$

mit $a_1 = 130$, $a_2 = -0{,}06$, $a_3 = 0{,}8$, $a_4 = -0{,}4$, $a_5 = 1{,}4$, $a_6 = 0{,}8$.

Zahlenwertgleichung nach Woschni, α in W/(m^2 K) mit d in m, p in bar, T in K und v_{Km} in m/s

$$\alpha_G = a_1 d^{a_2} p^{a_3} T^{a_4} (a_5 v_{Km})^{a_6}, \tag{2.51}$$

mit $a_1 = 130$, $a_2 = -0{,}2$, $a_3 = 0{,}8$, $a_4 = -0{,}53$, $a_5 = 3$, $a_6 = 0{,}8$,

wobei hier der Koeffizient a_5 einen Schätzwert darstellt. Die Zahlenwertgleichung nach Woschni wird häufig verwendet.

Zu beachten ist, dass zwar mit abnehmender Gastemperatur der Wärmeübergangskoeffizient zunimmt, allerdings die Temperaturdifferenz zur Zylinderwand abnimmt.

Der kühlmittelseitige mittlere Wärmeübergangskoeffizient wird abgeschätzt [8]:

Zahlenwertgleichung, α_K in W/(m^2 K), n in 1/min

$$\alpha_K = a_1 + a_2 \sqrt{\frac{n}{a_3}}, \tag{2.52}$$

mit $a_1 = 350$, $a_2 = 2100$, $a_3 = 1000$.

Die Arbeitsraumfläche kann mit den Flächen des Kolbenbodens, des Brennraums im Zylinderkopf und der kurbelwinkelabhängigen Zylinderinnenwand wie folgt abgeschätzt werden:

$$A_m = \pi \cdot d \cdot s(\varphi) + a_1 \left(2 \frac{\pi}{4} d^2 + \pi \cdot d \frac{s}{\varepsilon - 1} \right), \tag{2.53}$$

wobei der Faktor a_1 geometrieabhängig ist und für zerklüftete Brennräume über eins beträgt.

2.5.9 Kenngrößen des Ladungswechsels

Bei der nulldimensionalen Modellierung kommt die „Füll- und Entleermethode" zur Anwendung, gasdynamische Phänomene im Ansaug- und Auslasstrakt werden nicht berücksichtigt. (Gasdynamische Phänomene sind insbesondere bei schlitzgesteuerten Zweitaktmotoren zu beachten.)

Die folgenden Kenngrößen sind gebräuchlich, siehe beispielsweise [1]:

Einströmende Ladungsmasse m_E

$$m_E = m_{Fr} + m_S, \qquad (2.54)$$

mit der Frischladung m_{Fr} und der Spülmasse m_S.

Zylindermasse m

$$m = m_{Fr} + m_{RG}. \qquad (2.55)$$

Die Restgasmasse m_{RG} kann unter Volllast bei Ottomotoren etwa 10 % der Zylindermasse betragen und bei Dieselmotoren etwa 2 %.

Abströmende Gasmasse m_A

$$m_A = m_{VG} + m_S. \qquad (2.56)$$

Luftaufwand
(auch Luftdurchsatz, englisch: *volumetric efficiency* oder *air delivery ratio*)

$$\lambda_a = \frac{m_E}{m_{th}} \qquad (2.57)$$

mit

$$m_{th} = \rho_0 V_h \text{ oder } m_{th} = \rho_E V_h. \qquad (2.58)$$

Die Dichte ρ_0 ist die Gasdichte bei einem definierten Umgebungszustand.

Liefergrad
(englisch: *charging efficiency*)

$$\lambda_l = \frac{m_{Fr}}{m_{th}}. \qquad (2.59)$$

Ohne Drosselung ist bei Viertakt-Saugmotoren bis $\lambda_l = 0,9$ erreichbar. Bei aufgeladenen Motoren ist typischerweise $\lambda_l > 1$, und m_{th} wird zumeist mit ρ_E gebildet.

Fanggrad

$$\lambda_f = \frac{m_{Fr}}{m_E}. \qquad (2.60)$$

Spülgrad

$$\lambda_s = \frac{m_{Fr}}{m}. \tag{2.61}$$

Restgasanteil

$$x_{RG} = \frac{m_{RG}}{m}. \tag{2.62}$$

Zusammenhänge zwischen diesen Kenngrößen

$$\lambda_f = \frac{\lambda_l}{\lambda_a}, \tag{2.63}$$

$$x_{RG} = 1 - \lambda_s. \tag{2.64}$$

Zum Restgasanteil und zur Abgasrückführung siehe auch Abschn. 2.5.12.

2.5.10 Berechnung des Ladungswechsels

Die Druckverläufe und die Temperaturverläufe vor dem Einlass und nach dem Auslass müssen bekannt sein, d. h. sie sind durch Simulation, Messung oder Schätzung zu ermitteln. Wenn die geometrischen Daten für die Gasführung im Einlasstrakt und Auslasstrakt noch nicht bekannt sind, können für eine Vorausberechnung konstante Drücke angenommen werden. Dies ist im Berechnungsprogramm so vorgesehen. Im Berechnungsprogramm kann als weitere Möglichkeit ein harmonischer Druckverlauf während der Ventilöffnung vorgegeben werden, um dem massenstromabhängigen Druckaufbau im Auslasssystem und Druckabfall im Einlasssystem Rechnung zu tragen.

$$p_E = p_{E,max} - \left(p_{E,max} - p_{E,min}\right) \cdot \sin\left(\frac{\varphi - \varphi_{E,Anfang}}{\varphi_{E,Ende} - \varphi_{E,Anfang}}\pi\right), \tag{2.65}$$

$$p_A = p_{A,min} + \left(p_{A,max} - p_{A,min}\right) \cdot \sin\left(\frac{\varphi - \varphi_{A,Anfang}}{\varphi_{A,Ende} - \varphi_{A,Anfang}}\pi\right). \tag{2.66}$$

Bei realisierten Motoren können sich in Abhängigkeit von der Drehzahl aufgrund der begrenzten Schallgeschwindigkeit und Gasschwingungen deutlich unstetere Druckverläufe ergeben.

Durchflussgleichung

Die Herleitung der folgenden Durchflussgleichungen erfolgt über die Annahme einer reibungsfreien Strömung.

Durchflussgleichung für die Strömung durch den **Einlass**

$$\dot{m}_E = \mu \sigma_E A_{VE} \frac{p_E}{\sqrt{RT_E}} \sqrt{\frac{2\kappa}{\kappa - 1} \left[\left(\frac{p_Z}{p_E} \right)^{2/\kappa} - \left(\frac{p_Z}{p_E} \right)^{(\kappa+1)/\kappa} \right]}. \tag{2.67}$$

Durchflussgleichung für die Strömung durch den **Auslass**

$$\dot{m}_A = \mu \sigma_A A_{VA} \frac{p_Z}{\sqrt{RT_Z}} \sqrt{\frac{2\kappa}{\kappa - 1} \left[\left(\frac{p_A}{p_Z} \right)^{2/\kappa} - \left(\frac{p_A}{p_Z} \right)^{(\kappa+1)/\kappa} \right]}. \tag{2.68}$$

Falls das Druckverhältnis in diesen Gleichungen größer als eins ist, treten Rückströmungen auf, und der Kehrwert des Druckverhältnisses ist einzusetzen.

Das kritische Druckverhältnis begrenzt den maximal möglichen Massenstrom durch die Gaswechselorgane. Durch Ableiten der Gl. (2.67) bzw. (2.68) und Null-Setzung ergibt sich

$$\psi_{krit} = \left(\frac{2}{\kappa + 1} \right)^{\frac{\kappa}{\kappa - 1}}. \tag{2.69}$$

Die Begrenzung erfolgt, wenn dieses Druckverhältnis *unter*schritten ist.

Isentropenexponent

Zur Bestimmung der ein- und ausströmende Masse wird der Isentropenexponent κ benötigt

$$\kappa = \frac{c_p}{c_v} = \frac{dH/dT}{dU/dT}. \tag{2.70}$$

Mit

$$H = U + p \cdot V = U + m \cdot R \cdot T \tag{2.71}$$

ergibt sich

$$\frac{dH}{dT} = \frac{dU}{dT} + m \cdot R. \tag{2.72}$$

Die Größen in Gl. (2.72) sind bereits bestimmt.

Durchflusskennwert

Das Produkt aus Durchflusszahl μ und der Versperrungsziffer σ wird als Durchflusskennwert $\mu\sigma$ bezeichnet. Er kann angenähert werden durch (Abb. 2.9 und 2.10)

$$\mu\sigma = a_1 \left(a_2 \frac{h_V}{d_V} - a_3 \left(\frac{h_V}{d_V} \right)^2 \right). \tag{2.73}$$

Der relative Ventilhub liegt typischerweise zwischen

$$0 \leq \frac{h_V}{d_V} \leq 0,4. \tag{2.74}$$

Die Koeffizienten lassen sich abschätzen mit beispielsweise

Einlass: $a_2 = 3{,}70$, $a_3 = 4{,}65$
Auslass $a_2 = 4{,}37$, $a_3 = 5{,}51$

Je nach konstruktiver Gestaltung liegt der Faktor a_1 zwischen etwa $0{,}8 \leq a_1 \leq 1$.

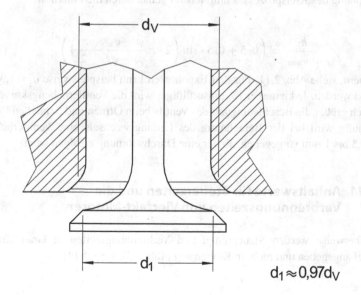

$d_1 \approx 0{,}97 d_V$

Abb. 2.9 Ventildurchmesser

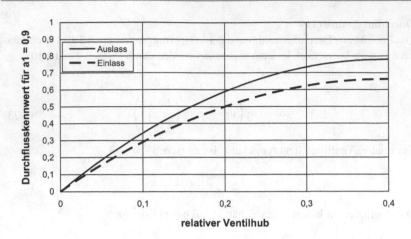

Abb. 2.10 Durchflusskennwerte nach Gl. (2.73)

Ventilerhebung

Die Ventilerhebung ist stetig („ruckfrei") und lässt sich für eine Vorausberechnung des Kreisprozesses hinreichend genau durch die Funktion

$$\frac{h_V}{h_{V,max}} = \left(0,5 + 0,5 \cdot \sin\left(2 \cdot \pi \frac{\varphi - \varphi_a}{\varphi_e - \varphi_a} - \frac{\pi}{2} \right) \right)^{a1} \tag{2.75}$$

annähern, siehe Abb. 2.11. Für den Exponenten kann beispielsweise $a_1 = 1,3$ eingesetzt werden. Je kleiner er ist, umso fülliger wird die Ventilerhebungskurve und
folglich größer die Beschleunigung des Ventils beim Öffnen und Schließen.

Häufig wird bei der Berechnung des Ladungswechsels eine Ventilerhebung
von 0,5 bis 1 mm vorgegeben, ab der eine Durchströmung erfolgen kann.

2.5.11 Anhaltswerte für Steuerzeiten und die Verbrennungszeiten von Viertakt-Motoren

Üblicherweise werden Steuerzeiten und Verbrennungszeiten in Grad Kurbelwinkel angegeben und nicht in Kolbenweg (Tab. 2.2), s. auch [4].

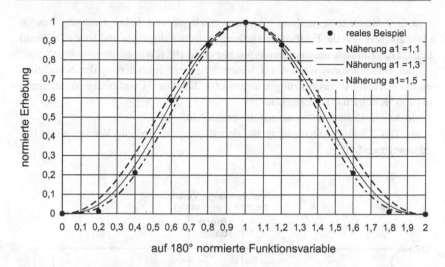

auf 180° normierte Funktionsvariable

Abb. 2.11 Ventilerhebung

Tab. 2.2 Steuerzeiten und Verbrennungszeiten von Viertakt-Motoren in Grad Kurbelwinkel (° KW)

		Ottomotor	Otto-Sportmotor	Dieselmotor
AA Auslass öffnet	vor UT	60…45	80	60…40
AS Auslass schließt	nach OT	5…20	50	5…30
EA Einlass öffnet	vor OT	15(40?)…10	50	0…25
ES Einlass schließt	nach UT	40…60	80	20…60 (70)
Einspritzzeitpunkt	vor OT			2…15
Zündverzug				etwa 5
Brennbeginn	vor OT			0…8
Zündzeitpunkt	vor OT	0…40		
Brennverzug		etwa 3		
Brennbeginn	vor OT	0…30		

Die Zündwinkelverstellung zwischen niedriger und hoher Drehzahl beträgt etwa 20 °KW und die Einspritzverstellung zwischen niedriger und hoher Drehzahl beträgt bei Kraftfahrzeugmotoren typischerweise 10 °KW.

Bei Dieselmotoren werden, im Wesentlichen zur Reduzierung der Schadstoffemission, häufig Voreinspritzungen ab etwa 60 °KW vor OT und Nacheinspritzungen bis 200 °KW nach OT vorgesehen.

In Abb. 2.12 sind die Steuerzeiten veranschaulicht.

In Tab. 2.3 sind Anhaltswerte für den Brennraum und die Ventile, siehe [6], zusammengestellt.

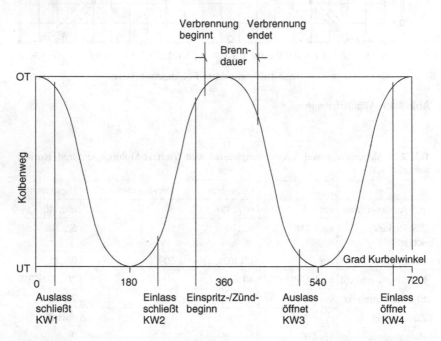

Abb. 2.12 Veranschaulichung der Steuerzeiten und der Verbrennung bei Viertaktmotoren

Tab. 2.3 Anhaltswerte für den Brennraum und die Ventile, siehe [6]

Ventilanzahl	2		4	
Hub-Bohrungs-Verhältnis	1,25	0,8	1,25	0,8
Ventilwinkel in °	0		2 × 24	2 × 15
Quetschflächenanteil in %	30		7	
Quetschspalthöhe in mm	0,8			
Einlassventildurchmesser bezogen auf Bohrungsdurchmesser	0,447		0,407	
Auslassventildurchmesser bezogen auf Einlassventildurchmesser	0,8775		0,85	
Ventildurchmesser Einlass in mm	34,9	40,3	2 × 31,8	2 × 36,7
Ventildurchmesser Auslass in mm	30,6	35,3	2 × 27,0	2 × 31,1
maximaler Ventilhub (E/A) bez. auf Einlassventildurchmesser	0,256		0,335	
maximaler Ventilhub (E/A) in mm	8,9	10,3	10,7	12,3
Außermittigkeit Zündkerze in mm	15,3	15,7	3,0	2,9
O/V-Verhältnis in OT in 1/mm	0,248	0,304	0,237	0,290

2.5.12 Abgasrückführung

Der Abgasgehalt der Ladung ist definiert durch

$$x_{AG} = \frac{m_{AG}}{m_{Fr} + m_{AG}} = \frac{m_{RG} + m_{GA, in} + m_{GA, ex}}{m}. \tag{2.76}$$

Er kann in Teillast über 50 % erreichen. Der Index in kennzeichnet die interne und der Index ex die externe Abgasrückführung.

Für die Vorausberechnung des Kreisprozesses kann festgelegt werden, wie groß das Luftverhältnis λ ist, d. h. wie viel Luftmasse sich zum Einlassschluss im Arbeitsraum befindet und evtl. nicht an der Verbrennung teilnehmen wird ($\lambda < 1$). Wird keine externe Abgasrückführung vorgesehen, stellt sich der Restgasgehalt m_{RG} entsprechend der Steuerzeiten und der vorgegebenen Drücke im Saugtrakt und Abgastrakt ein, siehe dazu auch Gl. (2.62). Zwischen Restgas m_{RG} und intern rückgeführtem Gas $m_{GA,in}$ kann nicht unterschieden werden.

Zweckmäßig wird bei Einlassschluss festgelegt:

1. Es wird keine externe Abgasrückführung vorgesehen, und der Abgas- bzw. Restgasgehalt ergibt sich folglich.
2. Der Abgasgehalt wird festgelegt. Es kann somit auch beispielsweise eine Spülung des Arbeitsraums mit Luft vorgesehen werden, d. h. es wird ein Abgasgehalt vorgegeben, der kleiner als der sich auch ohne Rückführung einstellende Restgasgehalt ist.

2.5.13 Geometrische Größen und Abhängigkeiten

Im Folgenden sind geometrische Größen und Abhängigkeiten zusammengefasst.
Verdichtungsverhältnis

$$\varepsilon = \frac{V_c + V_h}{V_c}. \tag{2.77}$$

Hubvolumen

$$V_h = \frac{\pi}{4} d^2 h. \tag{2.78}$$

Kurbelwinkelabhängiges Arbeitsraumvolumen

$$V = V_c + \frac{V_h}{2r} \left[r(1 - \cos\varphi) + l \left(1 - \sqrt{1 - \lambda_{PL}^2 \sin^2\varphi} \right) \right]. \tag{2.79}$$

Änderung des Arbeitsraumvolumens in Abhängigkeit vom Kurbelwellenwinkel

$$\frac{dV}{d\varphi} = V_h \left(\frac{\sin\varphi}{2} + \frac{\lambda_{PL}}{4} \frac{\sin 2\varphi}{\sqrt{1 - \lambda_{PL}^2 \sin^2\varphi}} \right). \tag{2.80}$$

2.5.14 Stoffdaten von Brennstoffen

Stoffwerte flüssiger Brennstoffe

Brenn-stoffart	Dichte	molare Masse	Haupt-bestand-teile	Siede-temperatur	Verdampf.-enthalpie	Spezifi. Heizwert	Gemisch-heizwert	Zünd-tempe-ratur	Luft-bedarf theo-ret.	Zündgrenze Vol.-% Gas in Luft		ROZ/ MOZ	CaZ
	kg/l	kg/kmol	Masse %	°C	kJ/kg	MJ/kg	MJ/m3	°C	kg/kg	untere	obere		
Ottokraft-stoff													
Normal	0,715 ... 0,765		86 C, 14 H	25 ... 215	377 ... 502	42,7		≈ 300	14,8	≈ 0,6	≈ 8	92/85	14
Super	0,730 ... 0,780	98	86 C, 14 H	25 ... 215	419	43,5	3,67	≈ 400	14,7	≈ 0,6	≈ 8	98/85	8
E85	0,785	41	57 C, 13 H, 29 O	55 ... 180	≈ 800	28,8		385	9,9	2,2	25,5		
Flug-benzin	0,720		85 C, 15 H	40 ... 80	≈ 430	43,5		≈ 500		≈ 0,7	≈ 8		
Kerosin	0,77 ... 0,83	170	87 C, 13 H	170 ... 260	≈ 251	43		≈ 250	14,5	≈ 0,6	≈ 7,5		
Diesel-kraftstoff	0,815 ... 0,855	190	86 C, 13 H	180 ... 360	≈ 250	42,5	3,79	≈ 250	14,5	≈ 0,6	≈ 6,5		40 ... 55
Pflan-zenöl RME	0,81 ... 0,88		77 C, 12 H, 11 O	176 ... 220		41,4		≈ 180	12,5				40 ... 50

Brenn-stoffart	Dichte	molare Masse	Haupt-bestand-teile	Siede-temperatur	Verdampf.-enthalpie	Spezifi. Heizwert	Gemisch-heizwert	Zünd-tempe-ratur	Luft-bedarf theo-ret.	Zündgrenze Vol.-% Gas in Luft		ROZ/ MOZ	CaZ
	kg/l	kg/kmol	Masse-%	°C	kJ/kg	MJ/kg	MJ/m3	°C	kg/kg	untere	obere		
Erdöl (Rohöl)	0,70 … 1,0		80-83 C, 10-14 H	25 … 360	222 … 352	39,8 … 46,1		≈ 220	14,3	≈ 0,6	≈ 6,5		
Braun-kohlen-teeröl	0,850 … 0,90		84 C, 11 H	200 … 360		40,2 … 41,9			13,5				
Steinkoh-lenteeröl	1,0 … 1,10		89 C, 7 H	170 … 330		36,4 … 38,5							
Schweröl	0,95	198	86 C, 13 H	175 … 450		40 … 41	3,657		13,7				34 … 44
Pentan C_5H_{12}	0,63	72	83 C, 17 H	36	352	45,4		285	15,4	1,4	7,8		
Hexan C_6H_{14}	0,66	86	84 C, 16 H	69	331	44,7		240	15,2	1,2	7,4		
n-Heptan C_7H_{16}	0,68	100	84 C, 16 H	98	310	44,4		220	15,2	1,1	6,7		
Iso-Oktan C_8H_6	0,69	114	84 C, 16 H	99	297	44,6		410	15,2	1	6		
Benzol C_6H_6	0,88	78	92 C, 8 H	80	394	40,2		550	13,3	1,2	8	98	10

Brenn-stoffart	Dichte	molare Masse	Haupt-bestand-teile	Siede-temperatur	Verdampf.-enthalpie	Spezifi. Heizwert	Gemisch-heizwert	Zünd-tempe-ratur	Luft-bedarf theo-ret.	Zündgrenze Vol.-% Gas in Luft		ROZ/MOZ	CaZ
	kg/l	kg/kmol	Masse-%	°C	kJ/kg	MJ/kg	MJ/m3	°C	kg/kg	untere	obere		
Toluol C_7H_8	0,87	92	91 C, 9 H	110	364	40,8		530	13,4	1,2	7		
Xylol C_8H_{11}	0,88	106	91 C, 9 H	144	339	40,8		460	13,7	1	7,6		
Ether $(C_2H_5)_2O$	0,72	74	64 C, 14 H, 22 O	35	377	34,3		170	7,7	1,7	36		
Aceton $(CH_3)_2CO$	0,79	58	62 C, 10 C, 28 O	56	523	28,5		540	9,4	2,5	13		
Ethanol C_2H_5OH	0,79	46	52 C, 13 H, 35 O	78	904	26,8	3,598	420	9	3,5	15	111,4/94,0	8
Methanol CH_3OH	0,79	32	38 C, 12 H, 50 O	65	1110	19,7	3,458	450	6,4	5,5	26	114,4/94,6	3

Viskosität bei 20 °C in mm²/s (= cSt): Benzin ≈ 0,6, Diesel ≈ 4, Ethanol ≈ 1,5, Methanol ≈ 0,7

Stoffwerte gasförmiger Brennstoffe

Brennstoffart	Dichte bei 0 °C und 1013 mbar	Hauptbestand-teile	Siedetemperatur bei 1013 mbar	Spezifischer Heizwert		Zünd-temperatur	Luft-bedarf theor.	Zündgrenze		MZ
				Brenn-stoff	Brennstoff Luftgemisch für $\lambda = 1{,}2$			untere	obere	
								Vol.-% Gas in Luft		
	kg/m³	Masse-%	°C	MJ/kg	MJ/m³	°C	kg/kg			
Flüssiggas (Autogas)	2,25	C_3H_8, C_4H_{10}	−30	46,1	3,11	≈ 400	15,5	1,5	15	
Stadtgas	0,56 … 0,61	50 H, 8 CO, 30 CH_4	−210	≈ 30	≈ 2,73	≈ 560	10	4	40	52
Erdgas	≈ 0,83	76 C, 24 H	−162	47,7				4,5	14,2	90
Wassergas	0,71	50 H, 38 CO		15,1	2,80	≈ 600	4,3	6	72	
Hochofen-gichtgas	1,28	28 CO, 59 N, 12 CO_2	−170	3,2	2,17	≈ 600	0,75	≈ 30	≈ 75	
Biogas, Klär-gas (Faulgas)	1,0 … 1,2	32 … 49 CH_4, 39 … 57 CO_2		27,2	3,62					130
Deponiegas	1,0 … 1,2	25 … 38 CH_4, 51 … 61 CO_2								
Wasserstoff H_2	0,090	100 H	−253	120,0	2,81	560	34	4	77	0
Kohlen-monoxid CO	1,25	100 CO	−191	10,05	3,22	605	2,5	12,5	75	73
Methan CH_4	0,72	75 C, 25 H	−162	50,0	2,88	650	17,2	5	15	100

Brennstoffart	Dichte bei 0 °C und 1013 mbar	Hauptbestandteile	Siedetemperatur bei 1013 mbar	Spezifischer Heizwert		Zündtemperatur	Luftbedarf theor.	Zündgrenze		MZ
				Brennstoff	Brennstoff Luftgemisch für $\lambda = 1,2$			untere	obere	
								Vol.-% Gas in Luft		
	kg/m³	Masse-%	°C	MJ/kg	MJ/m³	°C	kg/kg			
Acetylen C_2H_2	1,17	93 C, 7 H	−81	48,1	3,66	305	13,25	1,5	80	
Ethan C_2H_6	1,36	80 C, 20 H	−88	47,5	3,02	515	17,3	3	14	
Ethen C_2H_4	1,26	86 C, 14 H	−102	47,1	3,22	425	14,7	2,75	34	
Propan C_3H_8	2,0	82 C, 18 H	−43	46,3	3,09	470	15,6	1,9	9,5	35
Propen C_3H_6	1,92	86 C, 14 H	−47	45,8	3,24	450	14,7	2	11	
Butan C_4H_{10}	2,7	83 C, 17 H	−10(iso-);+1(n-)	45,6	3,11	365	15,4	1,5	8,5	11
Buten C_4H_8	2,5	86 C, 14 H	−5(iso-);+1(n-)	45,2	3,20		14,8	1,7	9	

Dichte für verflüssigte Gase: Flüssiggas 0,54 kg/l, Propan 0,51 kg/l, Butan 0,58 kg/l gereinigtes Klärgas enthält etwa 95 Masse-% Methan und besitzt einen Heizwert von etwa 37,7 MJ/kg

2.6   Numerische Lösung

Aufgrund der periodischen Kolbenbewegung laufen bei Kolbenmaschinen die Arbeitsprozesse ebenfalls periodisch (eine andere Bezeichnung ist zyklisch) ab. Arbeitsperiode, Arbeitszyklus oder Arbeitsspiel sind daher übliche Bezeichnungen für solche periodisch ablaufenden Prozesse. Zweckmäßig wird die Periode in gleich große Schritte unterteilt, und für jeden einzelnen Schritt werden die Zustandsgrößen angegeben. Bei einem Viertakt-Motor beträgt eine Periode 720°, die Zustandsgrößen können beispielsweise eingradweise angegeben werden. Als weitere Information muss die Arbeitszyklusfrequenz bekannt sein. Bei konventionellen Motoren mit Kurbelwelle ist dies die Drehzahl. Strömungsdruckabfälle beim Gaswechsel und die Wärmeübertragung sind von den Strömungsgeschwindigkeiten abhängig und somit von der Drehzahl. Die Verbrennungsgeschwindigkeit ist auch, jedoch relativ weniger ausgeprägt, von der Drehzahl abhängig.

Aufgrund der zeitlichen Wiederholung der Arbeitszyklen kann die Berechnung auf ein Anfangswertproblem zurückgeführt werden: Zu Beginn eines Zyklus sind die Zustände im Arbeitsraum, d. h. die Anfangswerte, bekannt, da dieser Zustand auch für das Ende des vorhergehenden Zyklus gelten muss. Von diesen Startwerten ausgehend können dann die Zustandsgrößen für den folgenden Berechnungsschritt berechnet werden. Die Zustandsgrößen, beispielsweise der Druck p im Arbeitsraum, können jedoch aufgrund der verschiedenen Wechselwirkungen infolge Volumenänderung, Gaswechsel, Wärmeübertragung, Verbrennung etc. nicht unmittelbar aus einer Gleichung bestimmt werden. Stattdessen sind die Berechnungsgleichungen als Differenzialgleichungen formuliert, d. h. kleine Änderungen der Zustandsgrößen in Abhängigkeit von kleinen Schrittweiten werden angegeben. Damit kann das Anfangswertproblem formal folgend formuliert werden:

$$y'(t) = f(y(t), t), \tag{2.81}$$

$$y(t_0) = y_0. \tag{2.82}$$

Hier ist y_0 der Anfangswert, t ist die Zeit. Anstatt mit der der Zeit t sind die Berechnungsgleichungen häufig in Abhängigkeit von dem Kurbelwinkel φ formuliert, wobei

$$t = \frac{\varphi}{2\pi} n. \tag{2.83}$$

Zur numerischen Lösung von Anfangswertproblemen werden Einschritt- oder Mehrschrittverfahren eingesetzt. Die Differenzialgleichung wird mittels einer Diskretisierung der Schrittweite, d. h. Δt bzw. $\Delta \varphi$, approximiert.

Bei dem klassischen Runge-Kutta-Verfahren vierter Ordnung [7] werden vier verschiedene Steigungen, eine am Ausgangspunkt, zwei in der Mitte und eine am Ziel, berechnet und als Fortschreiterichtung (sie ergibt den gesuchten Funktionswert) ein gewogenes Mittel daraus gebildet.

Zur Unterscheidung von der (unbekannten) tatsächlichen Lösung y wird für die numerische Näherungslösung das Formelzeichen w verwendet. Da auch der Anfangswert y_0 iterativ bestimmt wird, stellt er auch eine Näherung w_0 dar.

$$w_0 = \alpha, \tag{2.84}$$

$$k_1 = h \cdot f(t_i, w_i), \tag{2.85}$$

$$k_2 = h \cdot f\left(t_i + \frac{h}{2}, w_i + \frac{k_1}{2}\right), \tag{2.86}$$

$$k_3 = h \cdot f\left(t_i + \frac{h}{2}, w_i + \frac{k_2}{2}\right), \tag{2.87}$$

$$k_4 = h \cdot f(t_{i+1}, w_i + k_3), \tag{2.88}$$

$$w_{i+1} = w_i + \frac{1}{6}(k_1 + 2k_2 + 2k_3 + k_4). \tag{2.89}$$

Mit $i = 0, 1, 2, \ldots, N-1$. N ist die Gesamtzahl der Berechnungsschritte und h die Berechnungsschrittweite.

Bei einem Viertaktmotor kann beispielsweise ein Arbeitszyklus in $N = 7200$ gleich lange Zeit- bzw. Kurbelwinkelschrittweiten mit $h = 0{,}1°$ unterteilt werden. Da der globale Fehler $O(h^5)$ ist, ist zu prüfen, ob sich bei einer Verringerung der Schrittweite das Ergebnis ändert. Entsprechend der Genauigkeitsanforderungen der Aufgabenstellung sind Schrittweiten auszutesten. Bei großen Kurbelwinkelschritten und niedrigen Drehzahlen können sich je nach Berechnungsfolge der Zustandsgrößen numerisch bedingte Schwankungen der intensiven Zustandsgrößen einstellen, die auch außerhalb der physikalisch möglichen Grenzen liegen können (beispielsweise könnte die berechnete Temperatur oberhalb der adiabaten Verbrennungstemperatur liegen). Zweckmäßig sind daher in der Berechnung Abfragen vorzusehen, damit das Überschreiten und Unterschreiten von maximalen und minimalen Temperaturen und Drücken erkannt werden kann. Eine Schrittweitenfestlegung kann auch automatisiert erfolgen, falls die Rechenleistung der Hardware sich als unzureichend erweisen sollte. Auch Mehrschrittverfahren mit höherer Ordnung und mit einer Schrittweitenregelung können gewählt werden. Da die numerischen Vorteile jedoch gering sind (Rechengenauigkeit, Rechengeschwindigkeit), und häufig gleich große Schrittweiten für die Prozessdarstellungen und weitere Auswertungen vorteilhaft sind, kommt häufig das klassische Runge-Kutta-Verfahren vierter Ordnung zur Anwendung. Es wird auch für das vorliegende Berechnungsprogramm verwendet.

Als Anfangswerte werden der Druck, die Temperatur und die Gaszusammensetzung zum Ende des Einlasses zunächst als Schätzwerte vorgegeben. Nach der Berechnung eines Zyklus werden die Endwerte mit den Anfangswerten, bei jeweils den gleichen Kurbelwinkelpositionen, verglichen. Weichen die Werte nennenswert voneinander ab, werden die Endwerte als Anfangswerte für eine erneute Berechnung eines Zyklus verwendet und dies wird so lange wiederholt, bis die Endwerte mit den Anfangswerten zufriedenstellend übereinstimmen. Die notwendige Anzahl dieser Iterationen hängt von den Genauigkeitsansprüchen ab, da jedoch der Gaswechsel und der vorgegebene Zustand des einströmenden Gases sehr bestimmend für den Prozessablauf sind, sind zumeist wenige Iterationen, d. h. zwei bis etwa vier Rechendurchläufe, ausreichend.

Zusammenstellung der wesentlichen Gleichungen
Gl. (2.18):

$$\frac{dU}{d\varphi} = \sum_i u_i \frac{dm_i}{d\varphi} + \sum_i m_i \frac{du_i}{dT} \cdot \frac{dT}{d\varphi} \tag{2.90}$$

in die Energiebilanzgleichung (2.4) eingesetzt

$$\sum_i u_i \frac{dm_i}{d\varphi} + \sum_i m_i \frac{du_i}{dT} \cdot \frac{dT}{d\varphi} = -p\frac{dV}{d\varphi} + \frac{dQ_B}{d\varphi} - \frac{dQ_W}{d\varphi} + h_E \frac{dm_E}{d\varphi}$$
$$- h_A \frac{dm_A}{d\varphi} - h_A \frac{dm_{Leck}}{d\varphi}. \tag{2.91}$$

Die Gasgleichung (2.5) lautet für die i Komponenten des Gases im Arbeitsraum:

$$p\frac{dV}{d\varphi} + V\frac{dp}{d\varphi} = \sum_i m_i R_i \frac{dT}{d\varphi} + \sum_i m_i T \frac{dR_i}{d\varphi} + \sum_i R_i T \frac{dm_i}{d\varphi}. \tag{2.92}$$

Die Änderung der Gaskonstante mit dem Kurbelwinkel wird für Vorausberechnungen häufig vernachlässigt. Soll diese Änderung erfasst werden, ist zu berechnen

$$\sum_i m_i T \frac{\mathrm{d}R_i}{\mathrm{d}\varphi} = \sum_i m_i T \frac{\mathrm{d}R_i}{\mathrm{d}T} \frac{\mathrm{d}T}{\mathrm{d}\varphi} + \sum_i m_i T \frac{\mathrm{d}R_i}{\mathrm{d}p} \frac{\mathrm{d}p}{\mathrm{d}\varphi}, \tag{2.93}$$

wobei die Druckabhängigkeit der Gaskonstante aufgrund der geringen Abhängigkeit und des Rechenaufwands (der Einfluss des Druckes müsste beispielsweise iterativ in einem Berechnungsschritt erfasst werden) vernachlässigt ist, sodass sich

$$\sum_i m_i T \frac{\mathrm{d}R_i}{\mathrm{d}\varphi} = \sum_i m_i T \frac{\mathrm{d}R_i}{\mathrm{d}T} \frac{\mathrm{d}T}{\mathrm{d}\varphi} \tag{2.94}$$

ergibt. Aufgrund der Formulierung der Gaskonstante in Abhängigkeit von der Temperatur als Polynomgleichung ist die Differenzierung nach der Temperatur einfach durchzuführen. Damit ergibt sich für die Gasgleichung (2.92)

$$p \frac{\mathrm{d}V}{\mathrm{d}\varphi} + V \frac{\mathrm{d}p}{\mathrm{d}\varphi} = \sum_i m_i R_i \frac{\mathrm{d}T}{\mathrm{d}\varphi} + \sum_i m_i T \frac{\mathrm{d}R_i}{\mathrm{d}T} \frac{\mathrm{d}T}{\mathrm{d}\varphi} + \sum_i R_i T \frac{\mathrm{d}m_i}{\mathrm{d}\varphi},$$

nach der Temperaturänderung umgestellt

$$\frac{\mathrm{d}T}{\mathrm{d}\varphi} = \frac{p \frac{\mathrm{d}V}{\mathrm{d}\varphi} + V \frac{\mathrm{d}p}{\mathrm{d}\varphi} - \sum_i R_i T \frac{\mathrm{d}m_i}{\mathrm{d}\varphi}}{\sum_i m_i R_i + \sum_i m_i T \frac{\mathrm{d}R_i}{\mathrm{d}T}} \tag{2.95}$$

und in die Energiebilanz (2.91) eingesetzt

$$\sum_i u_i \frac{\mathrm{d}m_i}{\mathrm{d}\varphi} + \sum_i m_i \frac{\mathrm{d}u_i}{\mathrm{d}T} \cdot \frac{p \frac{\mathrm{d}V}{\mathrm{d}\varphi} + V \frac{\mathrm{d}p}{\mathrm{d}\varphi} - \sum_i R_i T \frac{\mathrm{d}m_i}{\mathrm{d}\varphi}}{\sum_i m_i R_i + \sum_i m_i T \frac{\mathrm{d}R_i}{\mathrm{d}T}} = -p \frac{\mathrm{d}V}{\mathrm{d}\varphi} + \frac{\mathrm{d}Q_B}{\mathrm{d}\varphi} - \frac{\mathrm{d}Q_W}{\mathrm{d}\varphi} + h_E \frac{\mathrm{d}m_E}{\mathrm{d}\varphi}$$

$$- h_A \frac{\mathrm{d}m_A}{\mathrm{d}\varphi} - h_A \frac{\mathrm{d}m_{Leck}}{\mathrm{d}\varphi},$$

umgestellt

$$\sum_i m_i \frac{\mathrm{d}u_i}{\mathrm{d}T} \cdot \frac{V \frac{\mathrm{d}p}{\mathrm{d}\varphi}}{\sum_i m_i R_i + \sum_i m_i T \frac{\mathrm{d}R_i}{\mathrm{d}T}} = -p \frac{\mathrm{d}V}{\mathrm{d}\varphi} + \frac{\mathrm{d}Q_B}{\mathrm{d}\varphi} - \frac{\mathrm{d}Q_W}{\mathrm{d}\varphi} + h_E \frac{\mathrm{d}m_E}{\mathrm{d}\varphi} - h_A \frac{\mathrm{d}m_A}{\mathrm{d}\varphi} - h_A \frac{\mathrm{d}m_{Leck}}{\mathrm{d}\varphi}$$

$$- \sum_i u_i \frac{\mathrm{d}m_i}{\mathrm{d}\varphi} - \sum_i m_i \frac{\mathrm{d}u_i}{\mathrm{d}T} \cdot \frac{p \frac{\mathrm{d}V}{\mathrm{d}\varphi} - \sum_i R_i T \frac{\mathrm{d}m_i}{\mathrm{d}\varphi}}{\sum_i m_i R_i + \sum_i m_i T \frac{\mathrm{d}R_i}{\mathrm{d}T}} \tag{2.96}$$

und nach der Druckänderung aufgelöst

$$
\frac{dp}{d\varphi} = \frac{\sum_i m_i R_i + \sum_i m_i T \frac{dR_i}{dT}}{V \cdot \sum_i m_i \frac{du_i}{dT}} \cdot \left[-p\frac{dV}{d\varphi} + \frac{dQ_B}{d\varphi} - \frac{dQ_W}{d\varphi} + h_E \frac{dm_E}{d\varphi} - h_A \frac{dm_A}{d\varphi} - h_A \frac{dm_{Leck}}{d\varphi} \right.
$$

$$
\left. - \sum_i u_i \frac{dm_i}{d\varphi} - \sum_i m_i \frac{du_i}{dT} \cdot \frac{p\frac{dV}{d\varphi} - \sum_i R_i T \frac{dm_i}{d\varphi}}{\sum_i m_i R_i + \sum_i m_i T \frac{dR_i}{dT}} \right]
$$

Die Gl. (2.96) stimmt formal mit dem Typ der Differenzialgleichung (2.81) über-ein und kann somit numerisch mit dem oben beschriebenen Runge-Kutta-Verfahren vierter Ordnung gelöst werden. Nachdem der Druckunterschied von einem zum folgenden Berechnungsschritt berechnet ist, kann, falls Masse zu- bzw. abströmt, die Masse des Gases im Zylinder neu berechnet werden. Schließlich wird mit der Zustandsgleichung die Temperatur des Gases im Zylinder neu berechnet.

2.7   Anmerkungen zu den Bezugszuständen

Für die energetische Betrachtung des Kreisprozesses werden Massenbilanzen und Energiebilanzen aufgestellt. Bei den ein- und austretenden Massenströmen und Energieströmen sowie der umgewandelten Masse und Energie müssen jeweils die Änderungen, d. h. die Differenzbeträge, zwischen zwei Zeitpunkten erfasst werden. Die absolute Höhe der Beträge ist damit bedeutungslos. Entsprechend können somit für die kalorischen Zustandsgrößen, die innere Energie, die Enthalpie und die Entropie, die Nullpunkte willkürlich festgelegt werden. Häufig wird bei allgemeinen energietechnischen Fragestellungen, beispielsweise feuchte Luft betreffend, der Nullpunkt der kalorischen Zustandsgrößen bei 0 °C festgelegt. Bei der Berechnung von Verbrennungsmotoren wird häufig 25 °C gewählt. Auch beispielsweise 0 K und jede andere Temperatur kann gewählt werden. Der Bezugszustand ergibt sich aus dieser Temperatur und einem Druck. Häufig wird der sogenannte Normaldruck in Höhe von 1013,25 mbar gewählt. Der Normzustand ist mit 0 °C (273,15 K) und 1013,25 mbar festgelegt. Ergibt sich die zu bestimmende kalorische Zustandsgröße als Summe aus einzeln ermittelten Größen und/oder erfolgt die Berechnung einer dieser Zustandsgrößen mithilfe einer anderen kalorischen Zustandsgröße, ist daher stets darauf zu achten, dass der gleiche Bezugszustand zugrunde liegt.

Bei der Leistungsangabe von Verbrennungsmotoren für Kraftfahrzeuge ist als Bezugszustand eine Umgebungstemperatur von 25 °C, ein Partialdruck der

Luft von 99 kPa und ein Partialdruck von Wasserdampf von 1 kPa festgelegt (siehe ISO 1585, ISO 3046, ISO 4106, DIN 70020 etc.). Dieser Partialdruck des Wasserdampfs entspricht einer relativen Feuchte von 30 %. Für Verbrennungsmotoren in anderen Anwendungen können auch andere Bezugszustände verbindlich sein.

Für die Angabe des Heizwertes und des Brennwertes von Gasen und flüssigen Brennstoffen ist als Ausgangszustand der Verbrennung 25 °C und 1013,25 mbar festgelegt (siehe DIN 51850 etc.). Werden bei Brenngasen der Heizwert bzw. der Brennwert volumetrisch angegeben (volumenbezogen), ist für die Gasdichte der Normzustand, d. h. 0 °C und 1013,25 mbar, festgelegt.

Literatur

1. Pischinger, R., Klell, M., Sams, Th: Thermodynamik der Verbrennungskraftmaschine, 3. Aufl. Springer, Wien, New York (2009)
2. Lauer, Th.: Prozessrechnung – Thermodynamische Auslegung von Verbrennungsmotoren. Vorlesungsskript TU, Wien (2017)
3. NASA Glenn Coefficients for Calculating Thermodynamic Properties of Individual Species. NASA/TP-2002-211556. https://ntrs.nasa.gov/search.jsp?R=20020085330, 2017-08-13
4. Reif, K. (Hrsg.): Dieselmotor-Management im Überblick. Bosch Fachinformation Automobil, Springer (2014)
5. Merker, G., Teichmann, R. (Hrsg.): Grundlagen Verbrennungsmotoren: Funktionsweise, Simulation, Messtechnik, 9. Aufl. Springer Vieweg, Wiesbaden (2019)
6. Sonderforschungsbereich 224 „Motorische Verbrennung". Lehrstuhl für Verbrennungskraftmaschinen, RWTH Aachen 2009. http://www.sfb224.rwth-aachen.de/Kapitel/kap5.htm
7. Faires, J.D., Burden, R.L.: Numerische Methoden. Spektrum Akademischer Verlag, Heidelberg (1994)
8. Kuchling, H.: Taschenbuch der Physik. Verlag Harri Deutsch, Thun und Frankfurt/Main (1979)
9. Vibe, I.: Brennverlauf und Kreisprozess von Verbrennungsmotoren. VEB Verlag Technik, Berlin (1970)

Zur Charakterisierung von Verbrennungsmotoren

3

Ausführliche und weitergehende Informationen über Verbrennungsmotoren und deren Charakterisierung finden sich in [1–8].

3.1 Kenngrößen von Verbrennungsmotoren

3.1.1 Gütegrad, Wirkungsgrad, Leistung

Die folgenden Definitionen sind gebräuchlich:

Gütegrad:

$$\eta_g = \frac{|W_{\text{indiziert}}|}{|W_{\text{theoretisch}}|} \tag{3.1}$$

Bei $W_{\text{theoretisch}}$ handelt es sich um einen beliebig zu wählenden theoretischen Prozess, z. B. Otto, Seiliger etc. Nach [8] ist allerdings zur Bestimmung des Gütegrads η_g für $W_{\text{theoretisch}}$ die Arbeit des sogenannten vollkommenen Motors W_v einzusetzen. Die Bestimmung von W_v setzt einen Verbrennungsablauf nach realitätsnahen Gesetzmäßigkeiten, siehe Abschn. 2.5.7, voraus. Damit ist bereits ein aufwendiges numerisches Berechnungsmodell notwendig, das jedoch nicht allgemein verfügbar ist. Daher kann die Empfehlung ausgesprochen werden, für Vergleichsrechnungen stets mit einfach zu handhabenden theoretischen Prozessen zu rechnen. Gelegentlich wird der Gütegrad auch mit $\eta_g = \frac{|W_{\text{eff}}|}{|W_{\text{theoretisch}}|}$ definiert und beinhaltet dann auch die mechanischen Verluste.

© Springer-Verlag GmbH Deutschland, ein Teil von Springer Nature 2020
T. Maurer, *Einführung in die Realprozessrechnung von Verbrennungsmotoren*,
https://doi.org/10.1007/978-3-662-59262-5_3

Thermischer Wirkungsgrad:

$$\eta_{\text{th}} = \frac{|W_{\text{theoretisch}}|}{Q_{\text{Brennstoff}}} \qquad (3.2)$$

Indizierter (bzw. innerer) Wirkungsgrad:

$$\eta_{\text{i}} = \frac{|W_{\text{indiziert}}|}{Q_{\text{Brennstoff}}} \qquad (3.3)$$

Effektiver Wirkungsgrad:

$$\eta_{\text{eff}} = \frac{|P_{\text{eff}}|}{\dot{Q}_{\text{Brennstoff}}} \qquad (3.4)$$

Effektive Leistung (= Nutzleistung):

$$|P_{\text{eff}}| = |P_{\text{i}}| - |P_{\text{r}}| \qquad (3.5)$$

Bei den effektiven Größen (sie beschreiben den tatsächlich vorhandenen Nutzen) kann der Index eff auch entfallen, bzw. der Index e verwendet werden.

Die Reibungsleistung P_{r} setzt sich zusammen aus: Reibung an Kolben, Ventilen, Lagern *und* Antriebsleistung für die für den Betrieb notwendigen Hilfsaggregate (Generator, Wasserpumpe, Ölpumpe, Lüfter). Anmerkung: Hilfsaggregate sind Teil der Nebenaggregate, zu denen beispielsweise noch die Lenkhilfepumpe, Verdichter für Klimaanlage, Luftpumpe zur Bremsunterstützung etc. zählen.

Mechanischer Wirkungsgrad:

$$\eta_{\text{m}} = \frac{P_{\text{eff}}}{P_{\text{i}}} \qquad (3.6)$$

Leistung von Motoren mit drehenden Abtriebswellen
Die meisten Motoren haben eine Abtriebswelle, somit kann für die Leistung geschrieben werden:

$$P_{\text{eff}} = M_{\text{d}} \cdot \omega \qquad (3.7)$$

mit

$$\omega = 2 \cdot \pi \cdot n_{\text{Motor}} \qquad (3.8)$$

Da die Leistung eines Motors vom Zustand der Verbrennungsluft abhängt, ist die Festlegung eines Bezugszustands für Leistungsangaben notwendig. Wenn nichts anderes angegeben ist, ist normgemäß davon auszugehen, dass für die Leistungsangaben ein Druck von 1,013 bar und eine Temperatur von 25 °C zugrunde liegen.

Für Verbrennungsmotoren (z. B. Einbaumotoren, nicht aber übliche PKW-Motoren) sind folgende Leistungsbegriffe gebräuchlich (teilweise auch genormt):

Dauerleistung P_A. Die größte dauernd zur Verfügung stehende Leistung. Die Leistungsbegrenzung des Motors ist so eingestellt, dass noch eine Überlastbarkeit möglich ist.

Nicht überlastbare Leistung P_B. Während einer bestimmten durch die Anwendung vorgegebenen Dauer, die zwischen Motorenhersteller und Abnehmer vereinbart ist, kann der Motor betrieben werden.

Überleistung $P_{\ddot{U}}$. Dies ist die größte Nutzleistung, die der Motor insgesamt zusammenhängend eine Stunde oder unterbrochen innerhalb von 12 h abgegeben kann. Die Überleistung ist in der Regel um das 1,1-fache größer als die Dauerleistung P_A.

Höchstleistung P_H. Dies ist die größte Nutzleistung, die ohne Überbeanspruchung 15 min lang abgegeben werden kann.

3.1.2   Mitteldruck

Die **effektive Leistung** P_{eff} eines Verbrennungsmotors ergibt sich formal aus

$$P_{eff} = W_{eff} \cdot f_A. \tag{3.9}$$

Die Arbeitszyklusfrequenz (Arbeitsspielfrequenz) f_A beträgt

$$\text{Zweitakt: } f_A = n_{Motor} \text{ und Viertakt: } f_A = 0,5\, n_{Motor}.$$

Die **effektive Arbeit** W_{eff} kann formal aus dem Produkt Druck multipliziert mit einem Volumen ausgedrückt werden, sodass sich aus Gl. (3.9)

$$P_{eff} = p_{meff} \cdot V_H \cdot f_A \tag{3.10}$$

ergibt.

Der **effektive Mitteldruck** p_{meff} (eine andere Bezeichnung ist effektiver mittlerer Kolbendruck) ist eine wichtige Kenngröße, die unabhängig von der Motorgröße und der Drehzahl die Energiedichte angibt (Tab. 3.1). In vielen Fällen ist der Wirkungsgrad eines Motors umso größer, je höher der effektive Mitteldruck ist.

Mittels einer Indizierung oder auch einer Prozessrechnung kann der Drucks $p(s(\varphi))$ im Zylinder bestimmt werden. Er hängt vom Kurbelwinkel φ bzw. dem Kolbenweg $s(\varphi)$ ab.

Damit lässt sich die **indizierte Arbeit** W_i

$$W_i = z \cdot A_K \int\limits_{s(\phi)=0}^{s(\phi)=\frac{2}{f_A}s} p(s(\phi)) \cdot ds \tag{3.11}$$

Tab. 3.1 Anhaltswerte für effektive Mitteldrücke

Motortyp	Effektiver Mitteldruck p_{meff} in bar
Viertakt – Motorrad	14
Rennmotor ohne Aufladung	20
PKW – Otto	8...13
LKW – Diesel	15...21
PKW – Diesel mit Aufladung	15...21
Große Dieselschnellläufer	6...30
Mittelschnellläufer	15...25
Große Zweitakt – Diesel	9...15

und der **indizierte Mitteldruck** p_{mi}

$$p_{\text{mi}} = \frac{W_{\text{i}}}{V_{\text{H}}} \tag{3.12}$$

bestimmen.

Der **Reibungsmitteldruck** p_{mr} ergibt sich schließlich aus

$$p_{\text{mr}} = p_{\text{meff}} - p_{\text{mi}}. \tag{3.13}$$

Als Anhaltswerte für den Reibungsmitteldruck können für eine mittlere Motorlast genannt werden:

$p_{\text{mr}} = 0{,}5$ bar bei $1000\ \text{min}^{-1}$ und $p_{\text{mr}} = 1{,}5$ bar bei $6000\ \text{min}^{-1}$.

Bei Volllast ist der Reibungsmitteldruck um etwa 0,5 bar höher.

3.1.3   Spezifischer Brennstoffverbrauch

Der effektive Motorwirkungsgrad η_{eff} wird häufig durch den spezifischenKraftstoffverbrauch (bzw. Brennstoffverbrauch) b_{eff} angegeben.

$$\eta_{\text{eff}} = \eta_{\text{i}} \cdot \eta_{\text{m}} = \frac{P_{\text{eff}}}{\dot{m}_{\text{B}} \cdot H_{\text{u}}} = \frac{1}{\frac{\dot{m}_{\text{B}}}{P_{\text{eff}}} \cdot H_{\text{u}}} = \frac{1}{b_{\text{eff}} \cdot H_{\text{u}}} \tag{3.14}$$

Für Vergleichszwecke wird der effektive spezifischeBrennstoffverbrauch zumeist in Brennstoffverbrauch durch Kilowattstunde angegeben.

Bestpunkte liegen bei kleinerer Last und Drehzahl um etwa 5...10 % unter den in Tab. 3.2 angegebenen Werten.

Tab. 3.2 Anhaltswerte für den effektiven spezifischen Kraftstoffverbrauch bei Nennleistung

Bezeichnung	Spezifischer Kraftstoffverbrauch b_{eff} in kg/(kW h)
Zweitakt – Otto	0,4
Viertakt – Otto	0,25...0,35
Dieselkammerverfahren	0,25...0,3
Dieseldirekteinspritzung PKW/LKW	0,21...0,26
Dieseldirekteinspritzung Bahn	0,19...0,23
Zweitakt – Schiffsdiesel	0,17...0,2

3.1.4 Gütegradeinbußen bei ausgeführten Motoren

Die folgenden Verlustmechanismen führen zu Gütegradeinbußen bei ausgeführten Motoren:

- Unprogrammgemäße Wärmeübertragung. Beim Otto-Prozess muss Wärme isochor, d. h. in einer Zeit von 0 s, zu- und abgeführt werden, was technisch nicht realisierbar ist. Beim Dieselmotor erfolgt noch ein „Nachbrennen" bzw. eine „schleichende Verbrennung" in den Bereich, wo eine isentrope Entspannung stattfinden sollte. Während der Verbrennung mit Temperaturen bis etwa 2500 K wird bis zu 20 % der zugeführten Brennstoffenthalpie an die umgebenden Wände abgeführt.
- Unvollständige Verbrennung. Z. B. infolge Sauerstoffmangels, Erlöschen der Flamme an kalten Wänden (ist hauptsächlich ein Abgasproblem!).
- Strömungsverluste beim Einströmen der Ladung und Ausströmen der Rauchgase.
- Undichtigkeiten (Blow-by), in der Regel weniger als 1 % des Massendurchsatzes.
- Realgasverhalten (Dissoziation etc.).

3.1.5 Gemischheizwert, Liefergrad und effektive Leistung

Gemischheizwert H_G:
Der Heizwert H_u des zugeführten Brennstoffs m_B wird auf das Gemischvolumen V_G bezogen:

$$H_G = \frac{m_B \cdot H_u}{V_G} \tag{3.15}$$

Bei **Dieselmotoren und direkteinspritzenden Ottomotoren** ist $V_G = V_L$ und damit:

$$V_L = \frac{m_L}{\rho_L} = \frac{m_B}{\rho_L} \cdot L_{st} \cdot \lambda, \tag{3.16}$$

sodass

$$H_G = \frac{H_u \cdot \rho_G}{L_{st} \cdot \lambda}. \tag{3.17}$$

Die Einheit von H_G ist z. B. kJ/m³. Bei Dieselmotoren ist $\rho_G = \rho_L$ einzusetzen.

Näherungsweise gilt dies auch für **Ottomotoren,** welchen „vergaster" Brennstoff (z. B. mittels Vergaser) zugeführt wird. Anm.: Bei der Vergasung handelt es sich überwiegend um eine Zerstäubung des Kraftstoffs. Auch wenn diese zerstäubten Flüssigkeitströpfchen sehr klein sind, handelt es sich nicht um ein Gas, sodass der Volumenanteil des Kraftstoffes im Gemischvolumen klein ist und beispielsweise nur 2 % betragen kann.

Bei **Gasmotoren** ist der Raumanteil des Gases zu berücksichtigen (Volumenanteil beträgt etwa 10 %). Anm.: Gelegentlich wird in der Literatur folgende Gleichung auch für Ottomotoren, die mit „vergasten" Kraftstoffen betrieben werden, angewendet:

$$V_G = \frac{m_G}{\rho_G} = \frac{1}{\rho_G} \cdot (m_L + m_B) = \frac{\tilde{m}_B}{\rho_G} \cdot \left(\frac{m_L}{m_B} + 1 \right) = \frac{m_B}{\rho_G} \cdot (L_{st} \cdot \lambda + 1), \tag{3.18}$$

$$H_G = \frac{H_u \cdot \rho_G}{L_{st} \cdot \lambda + 1}. \tag{3.19}$$

Die Umstellung von Benzin auf Gasbetrieb hat meist eine Reduzierung der maximalen Leistung zur Folge: Der Heizwert H_u von Erdgas ist kleiner als von Benzin und das Volumen des Erdgases nimmt ca. 10 % des Hubvolumens ein.

Liefergrad λ_L:

Der Liefergrad λ_L ist als Verhältnis der tatsächlichen bei einem Arbeitsspiel im Zylinder enthaltenen Gemischmenge m_G zur geometrisch aufgrund des Hubvolumens V_h im Bezugszustand möglichen $m_{G,h}$ definiert:

$$\lambda_L = \frac{m_G}{m_{G,h}} \tag{3.20}$$

Der Liefergrad λ_L wird beeinflusst durch: Drosselung beim Ein- und Ausströmen, Steuerzeiten, Arbeitsverfahren, Erwärmung der eintretenden Ladung, Jahreszeit, Höhenlage, Aufladung (λ_L bis 4).

Der Liefergrad λ_L ist abhängig von der Drehzahl bzw. von der mittleren Kolbengeschwindigkeit. Maßgeblich hierbei ist der Einlassschluss („träge Masse" der einströmenden Luft) und die Saugrohrgestaltung: variable Länge, Schaltventile etc. haben großen Einfluss.

Wärmefreisetzung bei einem Arbeitsspiel
Bei einem Arbeitsspiel wird in einem Zylinder mit dem Hubvolumen V_h die Wärme freigesetzt:

$$Q = H_G \cdot V_h \cdot \lambda_L = \frac{m_K \cdot H_u}{V_G} \cdot V_h \cdot \lambda_L = \frac{H_u \cdot V_h \cdot \lambda_L}{G} \qquad (3.21)$$

Spezifisches Gemischvolumen
Die Abkürzung G kann als spezifischesGemischvolumen bezeichnet werden und ist bei Diesel- und Ottomotoren

$$G = \frac{L_{st} \cdot \lambda}{\rho_G} \qquad (3.22)$$

und bei Gasmotoren

$$G = \frac{L_{st} \cdot \lambda + 1}{\rho_G}. \qquad (3.23)$$

Gleichung für die effektive Leistung von Motoren
Die effektive Leistung eines Motors lässt sich somit errechnen:

$$P_e = \frac{\eta_i \cdot \lambda_L \cdot H_u}{G} \cdot V_h \cdot z \cdot f_A \cdot \eta_m, \qquad (3.24)$$

bzw.

$$P_e = p_{mi} \cdot V_h \cdot z \cdot f_A \cdot \eta_m = V_H \cdot p_{me} \cdot f_A. \qquad (3.25)$$

3.1.6 Leistungskenngrößen

Die folgenden Leistungskenngrößen sind gebräuchlich:

Literleistung (Tab. 3.3):

$$P_L = \frac{P_{eff}}{V_H} = p_{meff} \cdot f_A \qquad (3.26)$$

Tab. 3.3 Anhaltswerte für die Literleistung

Motor		Drehzahl in 1/min	Literleistung P_L in kW/l
Langsamlaufender Großdiesel		< 100	1,5 … 3,0
Mittelschnelllaufender Diesel		500	4,5 … 10,0
Schnelllaufender Diesel		1000	9,5 … 30,0
Nutzfahrzeugdiesel		3000	13,0 … 35,0
PKW-Diesel	aufgeladen	5000	20,0 … 80,0
PKW-Otto	nicht aufgeladen aufgeladen	7000	25,0 … 75,0 120,0
Rennmotoren	nicht aufgeladen aufgeladen	bis etwa 20.000	bis etwa 300 bis etwa 450

Leistungsgewicht (eigentlich eine „Leistungsmasse") (Tab. 3.4):

$$m_G = \frac{m_M}{P_{eff}} \tag{3.27}$$

Drehzahl und mittlere Kolbengeschwindigkeit

Der Verlauf des Drehmomentes in Abhängigkeit der Drehzahl wird maßgeblich vom Liefergrad bestimmt. Motoren werden entsprechend ihrer Nenndrehzahl eingeordnet in:

	Drehzahl
Langsamläufer	Bis etwa 300 1/min
Mittelschnellläufer	Ab etwa 300 bis 1000 1/min
Schnellläufer	Ab 1000 1/min

Anstatt der Drehzahl wird häufig die mittlere Kolbengeschwindigkeit

$$v_m = 2 \cdot h \cdot n \tag{3.28}$$

verwendet. Die mittlere Kolbengeschwindigkeit stellt eine Kenngröße dar, die einen Vergleich von unterschiedlichen Motorgrößen erlaubt. Tendenziell nimmt die Lebensdauer von Motoren mit einer Zunahme der mittleren Kolbengeschwindigkeit ab (Tab. 3.5).

Die Motorenauslegung erfolgt häufig so, dass die maximale Leistung nicht bei maximal möglicher Drehzahl erreicht wird, um einen großen Drehzahl-Betriebsbereich zu erhalten (Abb. 3.1 und 3.2).

Tab. 3.4 Anhaltswerte für das Leistungsgewicht

Motor	Leistungsgewicht m_G in kg/kW
Langsamlaufender Großdiesel	30,0 … 55,0
Mittelschnelllaufender Diesel	11,0 … 19,0
Schnelllaufender Diesel	5,5 … 11,0
Nutzfahrzeugdiesel	4,0 … 5,0
PKW-Diesel	2,0 … 4,0
PKW-Otto	1,5 … 2,0
Rennmotor	0,3 … 0,8

Tab. 3.5 Anhaltswerte für die mittlere Kolbengeschwindigkeit v_m bei max. Drehzahl

Motor	Mittlere Kolbengeschwindigkeit v_m in m/s
Motorradmotoren	Bis 19,0
Rennmotoren ohne Aufladung	Bis 25,2
Rennmotoren mit Aufladung	Bis 21,7
PKW-Ottomotoren	9,5 bis 19,8
LKW-Dieselmotoren	9,5 bis 14,0
Größere Dieselschnellläufer	7,0 bis 12,0
Mittelschnellläufer (Diesel)	5,3 bis 9,5
Langsamläufer (Zweitakt-Diesel)	5,7 bis 9,5

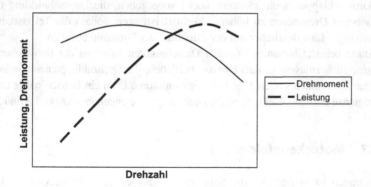

Abb. 3.1 Leistung und Drehmoment in Abhängigkeit von der Drehzahl (Volllast)

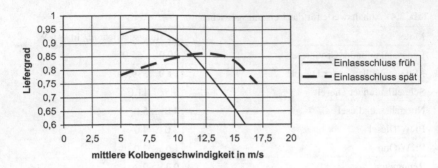

Abb. 3.2 Einfluss der Drehzahl und des Einlassschlusses auf den Liefergrad (Volllast)

Die Grenze der Mindestdrehzahl ist im Wesentlichen durch die Ungleich-förmigkeit des Drehmomentes gegeben. Undichtigkeit (Blow-by), Wärmeabfuhr während der Verbrennung, hydrodynamische Schmierung stellen weitere Grenzen dar.

Die Grenze der Maximaldrehzahl ist im Wesentlichen durch die Massenkräfte gegeben. Hydrodynamische Schmierung, Gemischbildung, Liefergrad stellen wei-tere Grenzen dar.

Die Form der Volllastkurven bei Diesel- und bei Ottomotoren kann gleich aus-sehen. Beim Dieselmotor erfolgt zusätzlich eine Begrenzung aufgrund von Ruß-bildung („Rauchgrenze"). Die Teillast wird beim Dieselmotor durch die Menge an zugeführtem Kraftstoff vorgegeben, sodass die Teillastkurven einen sehr ähnlichen Verlauf aufweisen, d. h. näherungsweise äquidistant nach unten ver-schobene Volllastkurven sind. Beim Ottomotor wird die Last durch die Stellung der Drosselklappe (heute meistens noch) vorgegeben, die Drosselwirkung führt bei höheren Drehzahlen zu höheren Verlustleistungen, sodass die Teillastkurven mit niedriger Last deutlicher mit der Zunahme der Drehzahl abfallen.

Anm.: beim „Chiptuning" werden Dieselmotoren näher an der (bzw. oberhalb der gesetzlich zulässigen) Rauchgrenze betrieben, die Drehzahlbegrenzung wird zu höheren Drehzahlen verschoben. Bei Benzinmotoren kann ein Betrieb näher an der Klopfgrenze erfolgen, häufig wird die Drehzahlgrenze angehoben (Abb. 3.3 und 3.4).

3.1.7 Motorkennfelder

Eingetragen ist in Abb. 3.5 der Schnittpunkt des Verlaufs der maximalen Leis-tung $P_e = P_{e,max}$ (dies ist eine Hyperbel) mit der Volllastkurve. Die Leistung $P_{e,max}$ steht demnach nur in einem Betriebspunkt zur Verfügung. Die Form der

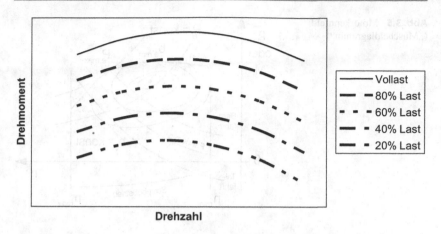

Abb. 3.3 Abhängigkeit des Drehmoments von der Drehzahl und der Last beim Dieselmotor

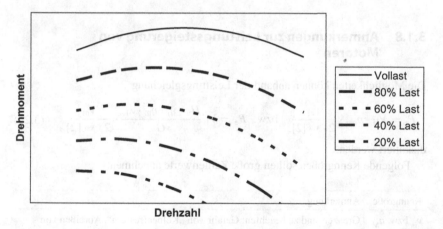

Abb. 3.4 Abhängigkeit des Drehmoments von der Drehzahl und der Last beim Ottomotor

eingetragenen Fahrleistungskurven ist auch für viele andere Anwendungen typisch, z. B. Betrieb von Pumpen, Generatoren, Kältemittelverdichter.

Im Allgemeinen kommt es daher zu einem eindeutigen Schnittpunkt der „Anlagenkennlinie" mit der Leistungskennlinie des Motors. Dieser Betriebszustand ist somit „stabil". Eine Drehzahlregelung ist erforderlich, wenn z. B. eine bestimmte Fahrzeuggeschwindigkeit gefordert wird.

Abb. 3.5 Motorkennfeld
(„Muscheldiagramm")

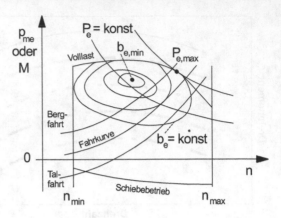

Die Kurven mit konstantem Kraftstoffverbrauch werden auch als „Muschel-diagramm" bezeichnet.

3.1.8   Anmerkungen zur Leistungssteigerung von Motoren

Die Möglichkeiten können anhand der Leistungsgleichung

$$P_e = V_H \cdot p_{me} \cdot \frac{v_m}{2 \cdot s \cdot [2]} \quad \text{bzw.} \quad P_e = V_H \frac{H_u \cdot \eta_i \cdot \eta_m \cdot \lambda_L}{G} \cdot \frac{v_m}{2 \cdot s \cdot [2]} \quad (3.29)$$

diskutiert werden.

Folgende Kenngrößen sollten große Zahlenwerte annehmen:

Kenngröße	Anmerkung
v_m bzw. n_M	Grenzen sind zu beachten: Gefahr von „Kolbenfressern", Abreißen von Pleuelstangen, Ventilbewegung, Liefergrad etc.
η_i	„Gute" Prozessführung ist notwendig. Rennmotoren weisen meist hohe Gütegrade auf
V_H	„Hubraum ist durch nichts zu ersetzen!"
H_u/G	Im Alltagsbetrieb können keine „exotischen" Kraftstoffe bzw. reiner Sauerstoff anstatt von Verbrennungsluft aus der Umgebung eingesetzt werden
η_m	Verbesserungen des mechanischen Wirkungsgrades sind oft schwierig und nur aufwendig zu realisieren
λ_L	Mehrventilmotoren, kurzhubige Bauweise, durch Aufladung bis etwa $\lambda_L = 4$

3.2 Energieflussdiagramm

In Abb. 3.6 ist das Energieflussdiagramm eines Verbrennungsmotors dargestellt. Eine Kühlung der Motorbauteile ist erforderlich. Die Wände des Motors müssen auf deutlich niedrigerem Temperaturniveau als die Schmelztemperatur der üblichen Werkstoffe liegen (Eisen 1200 °C, Bronze 900 °C, Aluminium 650 °C):

- Vermeidung von Verzunderung
- Zulässige Schmieröltemperatur < 250 °C
- Abnahme von Festigkeitskenngrößen mit Ansteigen der Temperatur (insbesondere bei Aluminiumwerkstoffen zu beachten)
- Liefergradeinbuße infolge Aufheizung der frischen Ladung

Hinweise
- Die Kühlung mit wasserhaltigem Kühlmittel (bei ungefähr bis 100 °C) ist üblich, die Luftkühlung wird heutzutage selten verwendet (z. B. Zweiradmotoren, kleine Arbeitsgeräte, Flugmotoren).
- Eine Kolbenkühlung durch Öl wird insbesondere bei hochbelasteten Dieselmotoren angewendet. Bei großen Zweitakt-Dieselmotoren auch Wasserkühlung der Kolben.
- Natriumgefüllte Auslassventile ($t_s = 97$ °C, seit etwa 1920).
- Ölkühler können Wärme direkt an die Umgebung abführen. Häufig wird die Wärme indirekt über einen Kühlflüssigkeitswärmeübertrager abgeführt.
- Aufgrund der hohen Verbrennungstemperatur ist der Einfluss der Abwärmetemperatur auf den thermischen Wirkungsgrad niedrig. (Im Gegensatz zum Rankine-Prozess.)

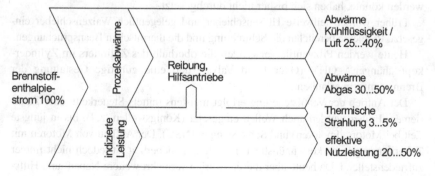

Abb. 3.6 Energieflussdiagramm von Verbrennungsmotoren

- Abwärme kann auf einem relativ hohen Temperaturniveau für Heizzwecke genutzt werden, wie beispielsweise Kraft-Wärme-Kopplung, Brauchwassererwärmung, thermischer Antrieb von Rankine-Prozessen, thermischer Antrieb von Absorptionskältemaschinen.

3.3   Ladungswechsel, Gemischaufbereitung, Zündung, Verbrennungsablauf

3.3.1   Ladungswechsel

Ladungswechsel ist:

- Austausch der verbrauchten Reaktionspartner gegen frische Ladung
- Abfuhr von Wärme

Zweitakt-Motor
Bei kleinen Motoren sind kolbengesteuerte Schlitze üblich. Weitere Möglichkeiten sind (verstellbare) Einlassschieber, Einlassmembranen, Auslassventile, Abgasschieber.

Werden „unsymmetrische Steuerdiagramme" gewünscht, d. h. beispielsweise eine andere Kolbenstellung zum Einlassende als zum Einlassbeginn, damit die Füllung und somit die Leistung hoch ist, kommen zum Einsatz: Auslassventile, Gegen- bzw. Doppelkolbenmotor, Abgasdrehschieber, variabler Einlassschieber.

Viertakt-Motor
Kolbengesteuerte Schlitze finden sich heute nur bei „Wankelmotoren". Andere (Rotations-) Kolbenmotoren, bei welchen ebenfalls auf Steuerelemente verzichtet werden könnte, haben sich bisher nicht durchgesetzt.

Früher wurden teilweise Hülsenschieber und gelegentlich Walzenschieber eingesetzt. Probleme bereiteten die Schmierung und die thermischen Beanspruchungen.

Heute werden Pilzventile verwendet, die oberhalb des Zylinders im Zylinderkopf „hängen", OHV (Over Head Valve), und eine günstige Gestaltung der Brennraumform erlauben.

Der Antrieb der Ventilsteuerung erfolgt meistens mittels Steuerkette oder Zahnriemen. Früher wurden auch Wellen eingesetzt (Königswellen, z. B. bis in jüngste Zeit bei Motorradmotoren) und Schubstangen (NSU). Der Aufbau von Motoren mit Zahnriemen gilt als kostengünstiger. Die Betriebssicherheit ist jedoch nicht immer zufriedenstellend. Da heute über diesen Antrieb vermehrt weitere Neben- und Hilfsaggregate angetrieben werden, der Wartungsarmut höhere Priorität gegeben wird und die Zahnriemen relativ zu Ketten breiter sind (ergibt längere Motoren), ist ein Trend zur Verwendung von Steuerketten feststellbar.

Anhaltswerte

Die mittlere Strömungsgeschwindigkeit im Einlasskanal beträgt bis etwa 100 ... 110 m/s (bezogen auf die mittlere Kolbengeschwindigkeit). Der Einlasskanal verengt sich bis zum Einlass in den Zylinder um etwa 20 %, um eine möglichst stabile und ablösungsfreie Strömung zu erhalten. Der maximale Ventilhub beträgt etwa 1/4 bis 1/3 des Kanaldurchmessers im Bereich des Ventilsitzes. Außer der ablösungsfreien Strömungsführung sind die Begrenzung der Massenkräfte sowie die Eigenfrequenz der Ventilfedern zu beachten. Beim Öffnen des Auslassventils herrscht bei Volllast im Zylinder noch ein Druck von 5...10 bar, sodass sich ein überkritisches Druckverhältnis bei den typischen Rauchgastemperaturen von 600 °C, Schallgeschwindigkeit des Rauchgases etwa 590 m/s, ergibt. Der Durchmesser der Auslassventile beträgt etwa 85 ... 90 % der Einlassventile, da das Druckgefälle der Auslassventile größer ist. Die Größe der Ventilüberschneidung im OT wirkt sich besonders auf die Schadstoffemission aus.

3.3.2 Ottomotor

Gemischbildung bzw. Gemischaufbereitung

Zunehmend wird heute auch bei Ottomotoren eine Direkteinspritzung verwirklicht, die zu einer „Inneren Gemischbildung" führt, siehe Dieselmotor. Die Einspritzdrücke betragen 50 ... 200 (350) bar.

Die „Äußere Gemischbildung" mittels Vergaser ist nur noch bei Kleinmotoren üblich, bei PKW-Motoren ist die Zentraleinspritzung oder Saugrohreinspritzung von der Direkteinspritzung inzwischen weitgehend verdrängt worden.

Zündung

Zündspule und Zündkerze sind erforderlich. Der Spannungsbedarf nimmt prop. mit dem Elektrodenabstand und dem Druck zu.

Typische Anhaltswerte: $U = 15 ... 25$ kV, $I > 100$ A, $E = 1$ mJ. Die Zündkerze soll möglichst schnell nach dem Motorstart die „Freitemperatur" > 400 °C erreichen, jedoch soll im Betrieb die Temperatur < 900 °C betragen, um „Glühzündungen" zu vermeiden. Es gibt Zündkerzen mit unterschiedlichen „Wärmewerten". Üblich bereitet sich die Flamme von der Zündkerze ausgehend mit einer Flammengeschwindigkeit von etwa 30 m/s aus.

Bei Ottomotoren sind Selbstzündungen zu vermeiden, da diese vor dem eigentlich festgelegten Zündzeitpunkt beginnen und somit zu hohen und zerstörend wirkenden Drücken im Zylinder führen können. Selbstzündungen können Glühzündungen sein, die von heißen Teilen (Zündkerze, Auslassventil, auch feste Verbrennungsrückstände auf den Brennraumoberflächen) ausgehen. (Ein typisches Phänomen ist das „Nachdieseln", welches z. B. bei defekten Kraftstoffabschaltventilen nach dem Ausschalten von Vergasermotoren auftreten kann.) Problematischer hinsichtlich Motorschäden ist die „klopfende Verbrennung" (oder auch „Motorklingeln"). Aufgrund hoher Temperaturen und Drücke zündet das Gemisch selbsttätig. Durch den Zündfunken der Zündkerze und/oder eventuell auch von Glühzündung ausgelöst kommt es lokal zu einer Verbrennung, die eine Drucksteigerung bewirkt, welche sich im Brennraum mit der Schallgeschwindigkeit von etwa 900 m/s ausbreitet. Diese Drucksteigerung kann an anderen Stellen des Brennraums eine Zündung auslösen, sodass die Zündung insgesamt sehr schnell abläuft und zu hohen Drücken im Zylinder führt, während der Kolben sich etwa im OT befindet. Die Bauteile werden mechanisch hoch beansprucht. Eventuell macht sich dies auch durch ein klopfendes bzw. klingelndes Geräusch bemerkbar. Problematisch ist zudem, dass die Drucksteigerungen Reaktionen bis in die Strömungsgrenzschichten der Zylinderwände hervorrufen können und den Schmiermittelfilm zerstören. Moderne Motoren besitzen häufig sog. Klopfsensoren. Sie können den Beginn einer klopfenden Verbrennung feststellen, sodass Motoreinstellungen automatisch verändert werden können, um diesen Betriebsbereich zu vermeiden. Maßnahmen zur Verringerung der Selbstzündungsgefahr sind:

- Verringerung des Verdichtungsverhältnisses: Das Verdichtungsverhältnis ist eine rein geometrisch bestimmte Größe, die bei üblichen Motorenkonstruktionen nicht im Betrieb variierbar ist. Jedoch ist das auf die Drücke bezogene Verdichtungsverhältnis (bzw. der erreichte Verdichtungsenddruck) auch von der Stellung der Drosselklappe bzw. von den variierbaren Steuerzeiten abhängig. Beispielsweise kann eine Begrenzung der maximalen Öffnungsstellung der Drosselklappe und somit eine Begrenzung des Verdichtungsenddruckes erfolgen.
- Kleine absolute Zylindergröße: Große Zylindereinheiten, welche ein bezüglich des Gütegrades günstiges Oberflächen-Volumenverhältnis aufweisen (relativ geringe Wärmeabfuhr während der Verbrennung), sind andererseits nachteilig bezüglich einer klopfenden Verbrennung. Anm.: Dies wurde bei großen Flugmotoren bereits früh erkannt. Mittels mehrerer Zündkerzen wurden die Flammwege verkürzt, und es wurden neue klopffeste Kraftstoffe (damals verbleit) entwickelt.
- Brennraumform: Mittels „Quetschspalten" erfolgt eine heftige Durchwirbelung der Ladung und damit Homogenisierung der Temperaturen im Brennraum. „Zerklüftete" Brennraumformen sind nachteilig.

- Anzahl und Lage der Zündkerze: Die Zündkerzen sollten möglichst nahe an den heißesten Bauteilen, d. h. Auslassventil, platziert sein. Durch mehrere Zündkerzen können die Flammwege verkürzt werden. Nachteilig ist hier, dass eventuell der Ausfall einer Zündkerze nicht bemerkt und somit eine klopfende Verbrennung sogar begünstigt wird.
- Zündzeitpunkt: spät ist günstig.
- Last: niedrig.
- Ansaugtemperatur: niedrig.
- Kraftstoff: klopffest (hohe Oktanzahl).

3.3.3 Dieselmotor

Kraftstoff wird eingespritzt, und es erfolgt eine innere Gemischbildung im Verbrennungsraum.

Motoren mit indirekter Einspritzung

Bei Motoren mit Wirbelkammer bzw. Vorkammer befinden sich etwa 40 … 50 % des Kompressionsvolumens in dieser Kammer. Der Einspritzdruck ist < 400 bar und wird durch Reiheneinspritzpumpen oder Verteilereinspritzpumpen aufgebaut. Die Einspritzung erfolgt mittels automatischer Einspritzdüsen in diese Kammern. Hier ist die Wandtemperatur hoch, es herrscht Luftmangel. Nach relativ kurzem Zündverzug erfolgt ein schneller Druckanstieg und die Ladung strömt in den Zylinder über, wo genügend Verbrennungsluft vorhanden ist. Aufgrund dieser beiden unterschiedlichen Verbrennungsvorgänge wird der „NO_x-Berg durchlaufen", d. h. es erfolgt eine relativ geringe NO_x-Bildung. Bei niedriger Last und damit relativ kalter Vorkammer ist die Rußbildung relativ groß. Vergleichsweise hohe Drehzahlen bis etwa 5000 1/min sind möglich. Das Verdichtungsverhältnis beträgt bei Vorkammermotoren $\varepsilon = 21 … 22$ und bei Wirbelkammermotoren $\varepsilon = 22 … 23$. (Hinweis: Vorsicht ist bei der Verwendung von neuen besonders zündwilligen Diesel-Kraftstoffen, die hauptsächlich für PKW-Direkteinspritzer entwickelt wurden, geboten. Eventuell kommt es zu einer deutlich schnelleren Flammenausbreitung, die zu Überhitzungsschäden an den Kammern und Einspritzdüsen führen kann.) Kammermotoren sind relativ laufruhig. Zündhilfen (Glühkerze bzw. Glühstifte) sind für den Kaltstart notwendig.

Motoren mit direkter Einspritzung

Etwa 80 % des Kompressionsvolumens befindet sich im Kolbenboden. Einspritzdrücke von bis 2500 bar sind heute üblich. Bei einem Kolbendurchmesser

< 300 mm ist der Einlass so zu gestalten, dass ein Drall entsteht, der für eine hinreichende Durchmischung des Kraftstoffs mit der Luft sorgt. Der Druckaufbau und die Einspritzung können erfolgen mittels:

- Reiheneinspritzpumpe und automatische Einspritzdüse. Dieses System wurde inzwischen aus dem PKW-Sektor verdrängt.
- Pumpe-Düse. Einspritzdrücke bis 2200 bar. Kombination aus Pumpe und Düse, die direkt im Zylinderkopf integriert ist. Es sind keine Einspritzleitungen erforderlich. Auch mit Piezoaktor angesteuert. Eine Vorpumpe, die einen Förderdruck von etwa 10 bar liefert, ist notwendig. Aufgrund der technischen Begrenzungen (Höhe des Einspritzdruckes, Leistungsaufnahme, …) wird die Pumpe-Düse nicht mehr bei Mehrzylinder-PKW-Motoren eingesetzt.
- Common-Rail. Einspritzdrücke bis 3000 bar. Hochdruckpumpe und gesteuerte Einspritzdüsen. Auch hier ist eine Vorpumpe, die etwa einen Förderdruck von 10 bar liefert, notwendig.

Die gesteuerten Einspritzdüsen erlauben eine zeitlich unterteilte Einspritzung (Vor-, Haupt- und Nacheinspritzung), die hinsichtlich Wirkungsgrad, Laufkultur und insbesondere Schadstoffausstoß vorteilhaft ist. Piezoelektrische Ventile lassen sich etwa viermal schneller schalten als elektromagnetische, sodass die gesamte Einspritzmenge in bis zu beispielsweise 8 Teilmengen geteilt werden kann.

Bei PKW-Motoren mit Verdichtungsverhältnissen von $\varepsilon = 15 \dots 19$, Drehzahl 4500 1/min, wird heute ein effektiver Wirkungsgrad von $\eta_{eff} = 45\,\%$ erreicht. Der effektive Wirkungsgrad von langsamlaufenden Zweitakt-Motoren beträgt $\eta_{eff} > 50\,\%$.

3.4   Abgasemission

3.4.1   Schadstoffe im Abgas

Im Abgas von Verbrennungsmotoren können die folgenden Schadstoffe auftreten:

- Kohlenmonoxid CO. Es entsteht bei Verbrennung unter Luftmangel. Die Bildung ist nur von dem Luftverhältnis λ abhängig. Bei Ottomotoren wird aufgrund der heute üblichen Abgasreinigung mit „Dreiwegekatalysatoren" ein Luftverhältnis von $\lambda = 1$ angestrebt. Bei Mehrzylinder-Ottomotoren ist es technisch kaum möglich, dass alle Zylinder exakt mit dem gleichen Luftverhältnis betrieben werden. Somit befinden sich sowohl CO als auch O_2 im Abgas. (Die Volumenkonzentration von O_2 ist bei $\lambda = 1$ etwa zweimal so groß wie die von CO.) Bei Dieselmotoren ist generell $\lambda > 1$, weshalb die CO-Emission unproblematisch ist.

- Kohlenwasserstoff CH. Die CH-Emission ist deutlich vom Luftverhältnis λ abhängig. Auch ein großes Oberflächen-Volumenverhältnis des Brennraumes, die Quetschspalten etc. können die CH-Bildung begünstigen. Bei Ottomotoren trägt insbesondere das Erlöschen der Flamme im Spalt zwischen Kolben und Zylinder oberhalb des ersten Kolbenringes zur CH-Bildung bei. Bei Dieselmotoren ist die CH-Bildung unproblematischer, da der Kraftstoff nicht auf kühle Wände gelangt (bzw. gelangen sollte). Eine Ausnahme stellen die wandgeführten Verbrennungsverfahren dar, beispielsweise das früher verwendete MAN-M-Verfahren.
- Stickoxide NO_x. Der Anteil von NO beträgt etwa 90 % und der von NO_2 entsprechend etwa 10 %. Die NO_x-Bildung nimmt bei Temperaturen $T > 1600$ K deutlich zu. Außerdem hängt die Bildung von der Verweildauer ab (größer, falls längere Dauer). Das Maximum der NO_x-Bildung liegt bei einem Luftverhältnis von etwa $\lambda = 1{,}05$. Direkteinspritzende Dieselmotoren sind aufgrund $\lambda > 1$ meist etwas günstiger als Ottomotoren. Dieselmotoren mit unterteilten Brennkammern sind günstig, da in den Kammern Luftmangel und im Zylinder Luftüberschuss herrscht.
- Schwefeldioxid SO_2. Falls Schwefel im Brennstoff enthalten ist.
- Partikel, andere Bezeichnung ist Ruß. Die Partikelemission gilt als ein besonderes Problem bei Dieselmotoren. Beachtenswert ist, dass auch Schmieröl des Motors verbrennt und zu einer Partikelemission führt. Auch Ottomotoren, insbesondere direkteinspritzende, emittieren Ruß.

Den wesentlichen Einfluss auf die Schadstoffemission hat das Luftverhältnis λ.

3.4.2   Maßnahmen zur Minderung des Schadstoffausstoßes

Es wird zwischen innermotorischen und außermotorischen Maßnahmen unterschieden. Ziel ist es, möglichst mittels kostengünstiger innermotorischer Maßnahmen die geforderten Grenzwerte zu erreichen bzw. eine Annäherung zu finden, um somit die aufwendigen außermotorischen Maßnahmen auf ein Minimum zu beschränken. Der Entwicklungsaufwand für innermotorische Verbesserungen ist jedoch aufgrund des bereits erreichten hohen Stands sowie der komplizierten und schwer zu erfassenden strömungsmechanischen, thermischen und chemischen Vorgänge während der Verbrennung relativ sehr groß und daher langwierig. Zudem ist eine Erfolgssicherheit für die Bemühungen oft nicht gegeben. Die Auswirkungen der (schwankenden) Qualität der Kraftstoffe sowie von deren Zusatzstoffe auf den Verbrennungsablauf und die Schadstoffbildung sind ebenfalls zu beachten.

Innermotorische Maßnahmen
Wesentliche Einflussgrößen sind das Luftverhältnis λ und der Brennbeginn. Ebenfalls zu den innermotorischen Maßnahmen zählt die (partielle) Abgasrückführung. Mittels Ventilüberschneidungen und/oder externer Abgasrückführung über Leitungen wird Abgas zurückgeführt, dessen Wärmekapazität die Spitzentemperatur und somit vor allem die NO_x-Emission senkt. Auch eine mögliche Wassereinspritzung wird diskutiert. Einen großen Einfluss haben die Brennraumgestaltung und die Strömungsführung. Hier gibt es die oben genannten Zusammenhänge, die Feinabstimmung ist jedoch nur mittels gekoppelter numerischer und messtechnischer Verfahren möglich.

Außermotorische Maßnahmen
Aufgrund der unterschiedlichen Verbrennungsabläufe kommen bei Otto- und bei Dieselmotoren unterschiedliche Verfahren zum Einsatz.

Ottomotor
Stand der Technik ist heute der sogenannte „Dreiwegekat" (NSCR NonSelective Catalytic Reduction). Aufgabe der Katalysatoren ist es, Umsetzungsreaktionen zu niedrigeren Temperaturen zu verschieben. Das Luftverhältnis muss etwa $\lambda = 1$ betragen ($0{,}98 < \lambda < 1{,}03$). Im Idealfall enthält das Abgas somit keinen Sauerstoff und folgende Reaktionen können stattfinden:

$$2NO + 2CO \rightarrow N_2 + 2CO_2$$

$$6NO + 2HC + CO \rightarrow 3N_2 + H_2O + 3CO_2.$$

Bei Direkteinspritzern ist das Luftverhältnis $\lambda > 1$, sodass dieses Verfahren weitgehend wirkungslos ist. Neben der selektiven Katalyse wird heute die Möglichkeit einer Zwischenspeicherung von NO_x und anschließender Reduktion („Regeneration") durch zusätzlich zugeführten Kraftstoff (z. B. Zugabe in den Abgasstrang oder kurzzeitiger Motorbetrieb mit $\lambda < 1$) angewendet („Speicherkat").

Dieselmotor

Stand der Technik ist heute der sogenannte „Oxidationskatalysator". Es findet statt:

$$CO + {}^1/_2O_2 \rightarrow CO_2$$

$$H_xC_y + uO_2 \rightarrow vCO_2 + wH_2O$$

Eine nennenswerte Reduktion von Stickoxiden und Partikel kann sich so nicht ergeben. Zunehmend werden heute Partikelfilter, Speicherkatalysatoren und Kombinationen hieraus angewendet.

Zunächst für stationäre Motoren entwickelt und heute auch für LKW und PKW verfügbar, ist die Anwendung der selektiven Katalyse (SCR). Es erfolgt eine Zugabe von Ammoniak, insbesondere im mobilen Bereich von Harnstoff (H_2N-CO-NH_2), der vor dem Katalysator versprüht wird. Es finden folgende Reaktionen statt:

$$6NO + 4NH_3 \rightarrow 6H_2O + 5N_2$$

$$6NO_2 + 8NH_3 \rightarrow 12H_2O + 7N_2$$

Problematisch kann ein eventueller Schlupf von NH_3 sein.

3.4.3 Angaben von Emissionswerten

Im stationären Bereich werden Emissionen auf die geleistete Arbeit bezogen, z. B. in g/(kWh), für die je nach Schadstoff und Anwendung, Leistung, Land etc. unterschiedliche Grenzwerte einzuhalten sind (vgl. z. B. TA-Luft).

Für Fahrzeuge wird der Schadstoffausstoß auf die gefahrene Strecke bezogen, z. B. in g/mile oder g/km. Je nach Erdteil (USA, Südamerika, Europa, China, Japan etc.) gibt es hier unterschiedlich festgelegte Fahrzyklen (in Europa bis zum 31.08.2018 NEDC, danach WLTP – World Harmonized Light Vehicle Test Procedure und RDE – Real Driving Emissions; in USA FTP75 etc.) und Grenzwerte.

Schadstoffemissionsangaben in ppm (Part per million, 10.000 ppm = 1 Volumenprozent) sind zu vermeiden, da es sich bei ppm nicht um eine eindeutig definierte SI-Einheit handelt.

Literatur

1. Kraemer, O., Jungbluth, G.: Bau und Berechnung von Verbrennungsmotoren. Springer, Berlin (1983)
2. van Basshuysen, R., Schäfer, F. (Hrsg.): Handbuch Verbrennungsmotor: Grundlagen, Komponenten, Systeme, Perspektiven (ATZ/MTZ-Fachbuch), 8. Aufl. Springer, Wiesbaden (2017)
3. Urlaub, A.: Verbrennungsmotoren, 2. Aufl. Springer, Berlin (2014)
4. Köhler, E., Flierl, R.: Verbrennungsmotoren: Motormechanik, Berechnung und Auslegung des Hubkolbenmotors (ATZ/MTZ-Fachbuch), 6. Aufl. Vieweg+Teubner, Wiesbaden (2011)
5. Pucher, H., Zinner, K.: Aufladung von Verbrennungsmotoren: Grundlagen, Berechnungen, Ausführungen, 4. Aufl. Springer, Berlin (2012)
6. Eifler, W., Schlücker, E., Spicher, U., Will, G.: Küttner Kolbenmaschinen: Kolbenpumpen, Kolbenverdichter, Brennkraftmaschinen, 7. Aufl. Vieweg+Teubner, Wiesbaden (2008)
7. Vibe, I.I.: Brennverlauf und Kreisprozess von Verbrennungsmotoren. VEB Verlag Technik, Berlin (1970)
8. DIN 1940:12-1976: Hubkolbenmotoren

Vergleich zwischen Rechnung und Messung

4

Mathematischen Modelle und dazugehörige Rechenprogramm sind auf Richtigkeit zu überprüfen. Richtig heißt nicht, dass auch keine Fehler vorliegen.

Ein bekannter Spruch lautet „Die Summe der in einem Rechenprogramm enthaltenen Fehler ist die Anzahl der gefundenen Fehler plus eins".

Tatsächlich lassen sich bei umfangreichen Rechenprogrammen Fehler kaum vermeiden. Sind die Fehler relativ klein, bleiben sie häufig unbemerkt. Manche Fehler treten erst bei gewissen Eingabewerten auf und können daher lange unentdeckt bleiben. Daher ist eine gründliche Überprüfung über einen großen Bereich von Eingabewerten zweckmäßig. Es kann sich dabei auch herausstellen, dass zwar kein Rechenprogrammfehler vorliegt, aber ein Teil der Modellierung ungeeignet ist, weil beispielsweise physikalisch auftretende Erscheinungen nicht hinreichend abgebildet werden.

Bei numerischen Lösungen ist zu prüfen, ob und welchen Einfluss die Berechnungsschrittweite auf die Berechnungsergebnisse hat. Der gewählte Lösungsalgorithmus sollte anhand von Problemen, deren analytische Lösungen bekannt sind, auf seine Brauchbarkeit hin überprüft werden.

Bei der hier vorliegenden Realprozessrechnung besteht das Modell aus einzelnen Teilmodellen. So kann beispielsweise eine Berechnung mit oder ohne Berücksichtigung von einzelnen Einflüssen, beispielsweise der Wärmefreisetzung durch die Verbrennung, der Wärmeübertragung, der Temperaturabhängigkeit von Stoffdaten etc. erfolgen. Somit können einzelne Fehler leichter aufgespürt werden.

Als problematisch hat sich immer wieder erwiesen, dass die Suche nach möglichen Fehlern nachlässig erfolgen kann, wenn das berechnete Ergebnis der Erwartung entspricht.

© Springer-Verlag GmbH Deutschland, ein Teil von Springer Nature 2020
T. Maurer, *Einführung in die Realprozessrechnung von Verbrennungsmotoren*,
https://doi.org/10.1007/978-3-662-59262-5_4

Werden das Modell und das Rechenprogramm nach eingehender Prüfung als richtig angesehen, stellt sich die die Frage, wie genau die Realität abgebildet werden kann, d. h. wie groß die Abweichungen zur Realität sind. Die aufgefundene Realität beruht auf einer messtechnischen Erfassung eines Motors, insbesondere auf einer Indizierung. Es ist bekannt, dass bereits kleine Abweichungen bei der Zuordnung der Druck-Kurbelwinkel-Wertepaare und auch Messabweichungen bei den Drücken sich erheblich auf die Ergebnisse auswirken können. Letztlich ist die aufgefundene Realität nicht mit der Wahrheit gleichzusetzen, die wahren Werte sind nicht genau bekannt. Folglich ist nur über die Abweichungen zu befinden.

Anstatt mit Messwerten kann auch ein Vergleich mit einem anderen Rechenprogramm erfolgen, dessen Genauigkeit bereits überprüft wurde.

Das auf dem hier beschriebenen Nulldimensionalen Modell beruhende Rechenprogramm wurde beispielsweise für einen Vergleich mit Messungen eines Viertakt-Ottomotors verwendet. Es zeigt sich, dass bei einer entsprechenden Wahl der Ansaugtemperatur, der Drücke im Ansaugkanal und Auslasskanal, dem Brennbeginn und der Parameter der Vibe-Brennfunktion eine zufriedenstellende Übereinstimmung mit den gemessenen Indikatordiagramme, siehe Abb. 4.1, und der integralen Größen, wie beispielsweise indizierter Mitteldruck, erhalten werden kann. Somit können beispielsweise andere Betriebsbedingungen rechnerisch simuliert werden. Anzumerken ist, dass die gewählte Ansaugtemperatur etwa 20 bis 30 K unterhalb der Ansaugtemperatur vor dem Motor ist. Dies kann ein Hinweis dafür sein, dass der Kraftstoff kaum verdampft, sondern als Tröpfchen in den Zylinder eintritt, sodass das Eigenvolumen des Kraftstoffs gering ist, siehe dazu auch die Ausführungen zum Gemischheizwert in Abschn. 3.1.5.

Ein Beispiel für den Vergleich zwischen Messung und Rechnung
Anmerkung: Je nach Entwicklungsstand des Berechnungsprogramms kann die folgende tabellarische Auflistung der Eingabeparameter und der Ergebnisse von dem im Internet veröffentlichten Berechnungsprogramm abweichend sein.

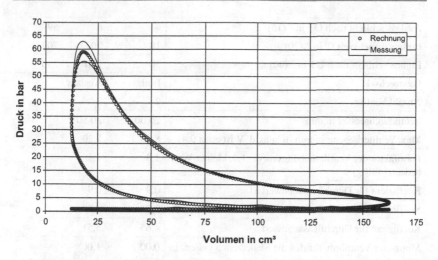

Abb. 4.1 Gemessenes und gerechnetes Indikatordiagramm

Arbeitsverfahren: 1 = äußere (Otto), 2 = innere (Diesel)	1		
Hauptabmessungen			
Bohrung in mm	67,0		
Hubbohrungsverhältnis	0,6343		
Pleuelstangenverhältnis	0,2315		
Verdichtungsverhältnis	13,0		
Betriebsdaten			
Drehzahl in 1/min	12.018		
Druck minimal und maximal vor Einlassventil in bar	0,85	0,90	
Druck minimal und maximal nach Auslassventil in bar	0,90	1,10	
Ansauglufttemperatur in °C	15		
Kühlflüssigkeitstemperatur in °C	80		
Umgebungslufttemperatur in °C	25		
Umgebungsluftdruck in bar	1,013		
Steuerzeiten in KW		Absolut	Berechnet
Auslass öffnet vor UT in ° (60)	47	493	440

Auslass schließt nach OT in ° (15)	6	6	59
Einlass öffnet vor OT in ° (20)	18	702	702
Einlass schließt nach UT in ° (40)	50	230	230
Gaswechsel	Einlass	Auslass	
Anzahl Ventile	2	2	
Ventildurchmesser in mm	26,00	20,50	
Max. Ventilerhebung in mm (h_max/d_V ist etwa 0,4)	8,30	7,20	
Formfaktor der Ventilerhebungskurve (1,3; kleiner Wert bedeutet füllig)	1,3	1,3	
Koeffizient für Durchflusskennwert a1	0,9	0,9	
Koeffizient für Durchflusskennwert a2	3,7	4,37	
Koeffizient für Durchflusskennwert a3	4,65	5,51	
Minimaler Ventilhub, für den die Steuerzeiten gelten, in mm	0,00	1,00	
Kanaldurchmesser in mm	26,00	20,50	
Maximal zulässige Kanalgeschwindigkeit in m/s	500	500	
Falls Rückströmung vom Auslass: dieses Gas ist kälter als die niedrigste Auslasstemp. in K (100)		0,00	
Zündung und Verbrennung mit Vibe-Brennfunktion			
Zündzeitpunkt/Einspritzbeginn (Achtung: ist Brennbeginn) in ° vor OT (20)	10		
Verbrennungsdauer in ° (40 bis 60°)	65		
Vibe-Formfaktor 0,25…1,6 (0,8)	1,8		
Luftverhältnis	1,0		
Theoretischer Luftbedarf in kg/kg	14,8		
Gewünschter zusätzlicher Volumenanteil AGR-Gas mit $\lambda = 1$ bei Einlassschluss	0,0		
Unterer Heizwert (Benzin: 41*10^6, Diesel: 43*10^6) in J/kg	41.000.000		
Gaskonstante von verdampftem Brennstoff (verdampftes Benzin 78,39) in J/(kg K)	78,39		
Anteil des verdampften Brennstoffs vor Einlass (nur Otto, Anteil 0…1)	0,2		
Wärmeübertragung mit Ansatz nach Woschni			
Mittlere Wanddicke des Arbeitsraums in mm	8		

Mittlere Wärmeleitung der Wand des Arbeitsraums in W/(m K)	100		
Multiplikationsfaktor für alfa_Woschni	1		
Faktor zur Berücksichtigung der unbekannten Umfangs-geschwindigkeit in der Woschni-Gleichung (3)	3		
Formfaktor für die Brennraumgestalt	1		
Numerik			
Anzahl Stützstellen pro Umdrehung	3600		
Konvergenzkriterium p_neu – p_alt bei Einlassschluss in Pa	1		
Ergebnisse			
Anzahl der Iterationen	3		
Maximaler Druck in bar	57,52		
Indizierter Mitteldruck in bar	14,15		
Indizierte Netto-Arbeit für einen Zyklus (2 Umdrehungen) in J	212,02		
Indizierte Gaswechselarbeit für einen Arbeitszyklus (2 Umdrehungen) in J	−3,69		
Indizierte Leistung in kW	21,23		
Thermischer Wirkungsgrad	0,42		
Wärmeabfuhr über die Wände in kW	2,90		
Enthalpiestrom des Abgases aus der Energiebilanz in kW	29,04		
Einlass: mittlere Kanalgeschwindigkeit in m/s	37,04		
Auslass: mittlere Kanalgeschwindigkeit in m/s	109,31		
Volumenanteil Restgas und AGR-Gas mit $\lambda = 1$ in % von V bei Einlassschluss	0,0318		
Massenanteil Restgas und AGR_Gas mit $\lambda = 1$ in % von mges bei Einlassschluss	0,0304		
Liefergrad	0,84		
Liefergrad, nur mit Anteil der brennbaren Frischladung	0,84		
Mittlerer Polytropenexponent Verdichtung	1,34		
Mittlerer Polytropenexponent Entspannung	1,25		

Stichwortverzeichnis

1. Hauptsatz, 10

© Springer-Verlag GmbH Deutschland, ein Teil von Springer Nature 2020
T. Maurer, *Einführung in die Realprozessrechnung von Verbrennungsmotoren*,
https://doi.org/10.1007/978-3-662-59262-5

Printed in the United States
By Bookmasters